어린이를 위한
초등 자기주도 공부법×배움공책

어린이를 위한
초등 자기주도 공부법×배움공책

초판 발행 2021년 3월 20일
2쇄 발행 2021년 5월 20일

지은이 이은경, 이성종 / **펴낸이** 김태헌
총괄 임규근 / **책임편집** 권형숙 / **기획편집** 김희정 / **교정교열** 박정수 / **디자인** ziwan / **일러스트** 강은옥
영업 문윤식, 조유미 / **마케팅** 박상용, 손희정, 박수미 / **제작** 박성우, 김정우

펴낸곳 한빛라이프 / **주소** 서울시 서대문구 연희로 2길 62 한빛빌딩
전화 02-336-7129 / **팩스** 02-325-6300
등록 2013년 11월 14일 제25100-2017-000059호 / **ISBN** 979-11-90846-13-4 13590

한빛라이프는 한빛미디어(주)의 실용 브랜드로 우리의 일상을 환히 비추는 책을 펴냅니다.

이 책에 대한 의견이나 오탈자 및 잘못된 내용에 대한 수정 정보는 한빛미디어(주)의 홈페이지나 아래 이메일로
알려 주십시오. 잘못된 책은 구입하신 서점에서 교환해 드립니다. 책값은 뒤표지에 표시되어 있습니다.
한빛미디어 홈페이지 www.hanbit.co.kr / **이메일** ask_life@hanbit.co.kr
한빛라이프 페이스북 facebook.com/goodtipstoknow / **포스트** post.naver.com/hanbitstory

지금 하지 않으면 할 수 없는 일이 있습니다.
책으로 펴내고 싶은 아이디어나 원고를 메일(writer@hanbit.co.kr)로 보내 주세요.
한빛라이프는 여러분의 소중한 경험과 지식을 기다리고 있습니다.

어린이를 위한

초등 자기주도
공부법×배움공책

이은경 × 이성종

시작부터 끝까지 스스로 해낼 수 있는
아이의 진짜 공부가 시작되는 순간

한빛라이프

강의 영상
바로가기

우리는 이은경, 이성종 선생님이에요.

우리는 초등 친구들이 매일 아침 찾아가는 초등학교에서 15년 넘도록 함께 공부했는데요, 그러는 동안 안타깝기도 하고 기특하기도 한 사실을 알게 되었어요. 우리 초등 친구들이 얼마나 열심히 공부하는지, 얼마나 공부를 잘하고 싶은지, 하지만 제대로 공부하는 법을 몰라 또 얼마나 헤매고 있는지 말이에요.

공부는 무조건 많이 하고 오래 한다고 해서 좋은 결과로 이어지는 게 아니에요. 어떻게 하는지 제대로 알고 그 방법대로 연습해 봐야 제대로 된 공부법을 익힐 수 있고 좋은 결과도 낼 수 있어요.

명심해야 할 점이 있어요. 초등 진짜 공부법을 익히는 일은 한두 번 해서 완성되거나 쉽게 끝나지 않는다는 거예요. 그렇기 때문에 매일 조금씩, 차근차근 익혀 나갔으면 좋겠어요.

혼자 하기 어렵고 외로울까 봐 강의 영상을 준비했어요. 책 중간중간에 보이는 QR코드를 열어서 강의 영상을 보며 함께 공부하기로 해요. 궁금한 점, 어려운 점은 댓글로 남겨 주세요. 이은경, 이성종 선생님이 답글을 달아 줄 거예요.

솔직한 고민, 즐거운 상상 모두 환영합니다!

2021년 새 학년을 시작하며
이은경, 이성종 선생님이

유튜브 매생이클럽과 함께 하는
어린이를 위한 초등 자기주도 공부법+배움공책 강의 영상 바로가기

책 안에도 QR코드가 있지만 영상을 모아 볼 수 있도록 영상 차례를 준비해 뒀어요. 바로 보고 싶다면 아래 QR코드를 열어 주세요.

 안녕하세요, 반갑습니다!

1부 | 초등 진짜 공부법

 진짜 공부 시작하기 공부,
열심히 하지 말고 제대로 하자!

 진짜 공부 1단계
내 공부, 주인을 찾습니다

 진짜 공부 2단계
내 공부니까 내가 계획합니다

 진짜 공부 3단계
이게 진짜 공부야 – 국어

 진짜 공부 3단계
이게 진짜 공부야 – 수학

 진짜 공부 3단계
이게 진짜 공부야 – 사회

 진짜 공부 3단계
이게 진짜 공부야 – 과학

 진짜 공부 4단계
스스로 공부 제대로 점검법

2부 | 배움공책 쓰는 법

 배움공책 왜 쓰는 걸까?
아는 것과 표현하는 건 달라!

 배움공책 쓰는 법
배움공책을 쓰는 정확하고
간단한 단계별 방법

 배움공책 본격 정리 유형
교과서 내용에 따라
다르게 정리할 수 있어!

차례

3부 배움공책 써 보기

초등 진짜 공부법

공부, 열심히 하지 말고 제대로 하자!

강의 영상
바로가기

너, 공부 잘하고 싶지? 아니라고?

솔직히 말해 봐. 지금보다 조금 더 공부 잘하고 싶고, 백 점 맞아 보고 싶고, 공부 잘한다고 칭찬받고 싶고, 공부 잘했을 때 기뻐하는 엄마 아빠 모습 보고 싶고, 시험 잘 보고 나서 친구들에게 자랑하고 싶을 거야. 그런데 생각하고 원하는 만큼 잘하지 못해 답답하거나 속상하거나 미안한 마음이 든 적도 있었을 거고 말이야.

어떻게 아느냐고?

간단해. 네 마음이 그렇지 않다면 지금 이 책을 읽고 있을 이유가 없거든.

물론, 이 책을 부모님께서 사 주셔서 억지로 보고 있을 수도 있어. 그래, 뭐 그럴 수 있어. 부모님은 네가 공부를 잘할 수만 있다면 더 많은 책과 문제집도 흔쾌히 사 주시거든. 또 네가 다니고 싶다고 하면 엄청 비싼 학원에도 바로 보내 주시는 편이고. (물론 어떨 땐 가기 싫은데도 억지로 가라고 하기도 하지만 말이야.)

그런 부모님이 이 책을 건네면서, 이걸로 공부해야 잘할 수 있다며 강력히 추천하셨을 수도 있어. 하지만 상관없어. 그건 중요하지 않거든. 지금 네가 어쩌다 이 책을 펼쳤는지 모르지만 공부 잘하고 싶은 마음이 없다면 여기서 그만 덮어도 좋아. 뭐든 억지로 하는 건 시간 낭비니까. 그 시간에 게임이나 하자고. 지금이 이 책을 덮을 마지막 기회야!

그런데 잠깐만! 책을 덮기 전에 다시 한 번만 생각해 봐.

솔직히 너, 공부 잘하고 싶지?

공부 잘하고 싶다는 마음을 지금껏 단 한 번도 가져 본 적이 없는지 생각해 봐. 열심히 해도 자꾸 틀리고, 지겹고, 하기 싫고, 놀고 싶고, 게임하고 싶은 마음 때문에 번번이 실패했을 순 있어.

그래도 솔직히 공부 잘하고 싶지?

그렇다면 방법을 알려 줄게. 지금보다 잘해 보고 싶은 마음이 아주 조금이라도 있다면 참고 조금만 더 읽어 봐. 귀찮을 수 있고 시간도 걸리겠지만 이 책에서 알려 주는 것들을 하나씩 따라 해 봐. 많이 하라고도 안 할게. 오늘부터 하나씩만 해 보면서 너에게 어떤 변화가 일어나는지 관찰해 봐.

해 볼지 말지 아직 갈등 중이라면 인생의 비밀을 하나 알려 줄게.

책을 읽다가, 책에서 나온 대로 따라 해 보다가 그만두고 싶어질 땐 이곳을 펼쳐 이 비밀을 다시 떠올리면 좋겠어. 그게 뭐냐면 말이야, 하기 싫은 일도 꾹 참고 묵묵히 하면서 결국 끝까지 해낸 사람과 하기 싫을 때마다 포기하는 사람은 겨우 일 년만 지나도 완전히 다른 모습이 되어 있을 거라는 사실이야. 힘들어 보이고, 내 길이 아닌 것 같고, 성공하지 못할 것 같아도 일단 시도해 보고 나서 다른 길을 선택하는 것과 어차피 안 될 것 같아서 아예 시작조차 않고 포기해 버리는 건 완전히 달라. 언뜻 보면 별로 차이가 나지 않을 거야. 하지만 이렇게 다른 시간을 보낸 두 사람의 일 년 후 모습은 완전히 달라져 있을 거야.

일 년 후에도 지금과 같은 자리에 머물고 싶은지, 일 년 후에는 지금과 완전히 다른 모습으로 성장하고 싶은지 곰곰이 생각해 봐.

일 년 후, 지금보다 성장한 나를 만나고 싶다면 오늘부터 이 책과 함께 진짜 공부를 시작해 보자. 진짜 공부는 엄마가 시켜서 억지로 했던 지금까지의 공부와는 분명히 달라야 해. 마지못해 하는 공부라면 이제껏 수없이 많이 해 봐서 지겨울 거야. 이제 누가 시켜서 하는 아기 같은 공부는 그만. 공부 잘해 보고 싶은 마음으로 네 인생을 달라지게 해 줄 진짜 공부를 시작하는 거야!

난 어떤 사람이 되고 싶지?
난 앞으로 어떻게 살고 싶지?
그래서 나는 어떻게 해야 하지?

공부에도 준비가 필요한 법! 지금 네가 진짜 공부를 시작할 준비가 되었는지 한번 점검해 보려고 해. 다음 표에 있는 15개 항목 중 8개 이상이면 지금부터 하나씩 함께 시도해 볼 수 있어. 8개 미만이라고 실망하지는 마. 앞으로 어떤 습관을 추가하면 좋을지 골라서 하나씩 하나씩 노력하면 되니까 말이야.

구분	항목	✓
학습 습관	• 학교/학원 숙제가 있는 날에는 혼자 숙제를 확인하고 해결해 본 적이 있다.	
	• 누가 시키지 않아도 매일 책을 읽는 편이다.	
	• 공부할 시간이 부족한 날에는 못 한 공부를 어떻게 할지 고민한 적이 있다.	
	• 공부하기로 계획한 시간이 되면 말하지 않아도 시작하는 편이다.	
	• 어떻게 하면 정해진 분량을 최대한 빨리 끝낼지 고민해 본 적이 있다.	
	• 공부가 끝나면 뿌듯한 마음에 부모님과 가족에게 자랑하고 싶어진다.	
	• 연산과 일기처럼 오래 해 온 과목은 혼자 힘으로 시작하고 끝낼 수 있다.	

생활 습관	• 책상, 침대, 방 등 주변을 정리하는 횟수와 상태가 전보다 나아지고 있다.
	• 책가방을 혼자 챙길 수 있으며 가방 상태가 전보다 나아지고 있다.
	• 게임 시간과 독서 시간 등 계획한 시간을 지키려고 노력한다.
	• 일이나 놀이를 할 때 순서를 정하거나 계획을 세워서 하려고 하는 편이다.
	• 할 일의 우선순위를 결정할 수 있고 그렇게 해 본 적이 있다.
	• 일정한 시간에 일어나고 잠자리에 든다는 점을 알고 있고 지키려고 한다.
	• 정해진 시간과 양을 어느 정도 유지하는 식습관을 가지고 있다.
	• 공부하라는 잔소리를 듣기 싫어서 차라리 혼자 해 버리고 싶어진다.

자, 그럼 준비됐다 치고. 본격적인 이야기를 시작해 보자. 공부를 잘하고 싶다면 지금부터 집중! 제대로 된 방향을 알려 줄게. 공부라는 건 무조건 열심히 한다고 저절로 잘하게 되는 게 아니야. 공부는 속도보다 방향이야. 얼마나 빠르게 하느냐가 아니라 그 방향을 제대로 잡고 시작했느냐가 훨씬 중요해.

민호와 한주의 이야기를 들려줄게. 두 아이는 모두 최신형 자전거를 샀어, 와우! 서울까지 자전거로 달려 가는 대단한 목표가 있거든.

먼저 민호의 모습을 봐. 어? 민호는 지금 어디로 가는 거지? 새로 산 엄청 좋은 이 자전거로 부산을 향해 한 번도 쉬지 않고 달리다 보면 민호는 언젠가 목표했던 서울에 도착할 수 있을까? 당연히 도착할 수 없겠지? 서울로 가려면 서울로 가는 길인지 확인하고 출발해야 하는데 민호는 방향을 보지도 않고 열심히 페달을 밟기만 해. 아무리 열심히 밟아도 부산으로 가고 있으니 가고 싶었던 서울이 나올 리 없는데 말이지. 민호는 아무리 다리가 아프고 목이 말라도 꾹 참고 쉬지 않고 열심히 달려. 정말 답답한 노릇이지.

　한주도 이상하기는 마찬가지야. 서울로 가는 방향을 제대로 확인하고 출발하
긴 했지만 아무것도 하지 않아. 한주는 페달을 밟는 게 힘들고 귀찮았거든. 그래
도 서울로 가겠다는 확실한 목표가 있기에 그 간절한 마음을 담아 매일 한 시간
씩 자전거 안장에 앉아. 힘들어서 페달은 밟지 않지만 서울 쪽을 바라보며 기도
를 하지. '제발 오늘은 서울에 도착하게 해 주세요.' 이렇게 간절히 바라면 백일
후엔 드디어 바라던 서울에 도착할 수 있을 거라고 기대하면서 말이야.

　이런 멍청한 사람이 어디 있느냐고? 물론 너는 아닐 거야. 그런데 이렇게 말
도 안 되는 방법으로 막연하게 공부하는 친구들이 생각보다 많아. 적어도 이 책
을 펼친 우리는 이왕 하는 공부, 제대로 알고 해 보자고!

공부를 잘하고 싶다면 비법은 명확해.
첫째, 공부하는 방법을 제대로 배우고(방향 설정),
둘째, 제대로 배운 그 방법이 익숙해지도록 반복해서 연습하는 거야(실천하기).

단계별로 하나씩 알려 줄게.

첫 단계를 밟는 순간, 진짜 공부가 하나씩 시작될 거야!

어때, 생각보다 간단하지?

그럼, 우리 1단계부터 시작해볼까?

내 공부, 주인을 찾습니다

강의 영상
바로가기

너, 공부 잘하니? 좀 한다고?

오오, 좋아. 그렇다면 하나 더 물어볼게. 너, 공부 좋아하니?

쉽게 대답하기 어려울 거야. 공부를 좋아하는 사람은 드물거든. 공부를 잘한다고 해서 좋아하라는 법은 없어. 좋아서 하는 사람도 있고, 싫지만 억지로 하는 사람도 있는데, 어느 쪽이든 상관없이 꼭 짚고 넘어가야 할 중요한 사실이 있어. 네가 매일 하는 이 공부의 주인은 대체 누구일까?

주인?

공부에도 주인이 있다고?

공부는 그냥 공부 아니냐고?

아니야, 모든 공부에는 주인이 있어.

주인이 누군지 우리 함께 찾아볼까?

17

우리 반에서 공부를 가장 잘하는 수민이와 지현이를 소개할게. 둘은 툭하면 나란히 백 점을 맞아. 얼핏 보면 둘은 비슷해 보이는데 완전히 다른 게 하나 있어. 그건 바로 이 아이들이 공부하는 이유야.

수민이가 공부하는 이유는 엄마야. 수민이 엄마는 무섭거든. 엄마가 시킨 공부를 안 했다간 크게 혼나기 때문에 수민이는 정말 열심히 공부해. 대신, 엄마가 시키거나 검사하지 않으면 절대로 안 해. 지난 겨울방학에 수민이 엄마가 맹장 수술로 입원하신 적이 있었어. 수민이는 그때 매일 새벽 세 시까지 유튜브를 보다가 잤대. 수민이는 날마다 입버릇처럼 얘기해. 엄마가 일주일 동안 멀리 여행을 떠났으면 좋겠다고 말이야. 엄마 없이 일주일을 살아 보는 게 수민이의 간절한 소원이야. 지긋지긋한 공부에서 일주일이나 해방될 수 있으니까.

지현이는 어떠냐고? 지현이 엄마는 응급실 간호사야. 교대 근무 때문에 밤에 못 들어오는 날도 있고, 집에 계시는 날에도 한참 주무셔야 한대. 지현이가 공부를 제대로 하는지 거의 검사를 못 하시지. 아마 밤새 카톡을 해도 절대 들키지 않을걸? 그런데 지현이는 좀 신기한 아이야. 엄마가 계시든 안 계시든, 주무시든 깨어 계시든 신경 쓰지 않고 알아서 공부를 하거든. 지현이의 꿈은 UN(국제연합)에서 일하는 거래. 언제부턴지 입만 열면 UN 타령을 하더니 이제 완전히 결심을 굳혔대. 왜 그렇게 열심히 공부하느냐고 물어봤더니 자기의 꿈을 이루고 싶대. 어른이 되면 꼭 UN이라는 곳에서 일하고 싶대. 정말 독특한 애야.

두 아이를 보면서 넌 무슨 생각을 했니? 넌 수민이와 비슷할까, 지현이와 비슷할까? 수민이와 지현이 둘 다 공부를 잘하지만 두 아이의 미래 모습도 같을까? 이 둘은 중·고등학생이 되면 어떻게 공부하고 있을까? 두 사람은 어른이 되면 어떤 모습으로 살게 될까? 지현이와 수민이 공부의 주인은 누구일까?

지현이가 한 말 중, 우리가 꼭 기억해야 할 중요한 말이 있어. 바로 '내 공부의 주인은 나'라는 사실이야. 바로 지금, 네 공부가 주인을 찾고 있어.

공부라는 놈은 주인이 있어야 해. 세상에 그냥 공부는 없어. 모든 공부에는 주인이 있어. 누군가의 공부라는 의미지. 세상에는 정말 많은 사람이 밤낮으로 열심히 공부하지만 정작 그 공부의 주인이 아닌 경우가 많아. 자기가 하는 그 공부의 주인이 누구인지 정확히 모르는 사람도 많고.

가만히 생각해 봐. 오늘 네가 했던 공부 말이야, 네 거 맞니? 네가 주인이라고 확실히 말할 수 있니? 네가 오늘 낮에 했던 그 공부는 혹시 엄마의 것은 아니었니? 엄마의 공부를 네가 대신 해 주고 있었던 건 아니었니?

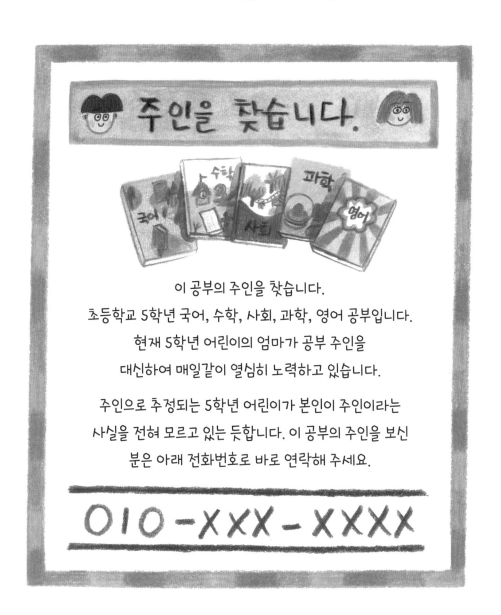

주인을 찾습니다.

이 공부의 주인을 찾습니다.
초등학교 5학년 국어, 수학, 사회, 과학, 영어 공부입니다.
현재 5학년 어린이의 엄마가 공부 주인을
대신하여 매일같이 열심히 노력하고 있습니다.

주인으로 추정되는 5학년 어린이가 본인이 주인이라는
사실을 전혀 모르고 있는 듯합니다. 이 공부의 주인을 보신
분은 아래 전화번호로 바로 연락해 주세요.

010-XXX-XXXX

아직도 진짜 주인이 누구인지 헷갈린다면 주인을 찾아낼 명확한 방법을 알려 줄게. 네가 공부를 열심히 해서 바라던 좋은 결과를 얻게 되면 누가 가장 기뻐할까? (엄마? 헷갈림) 누구에게 가장 좋은 일이 일어날까? (아빠? 또 헷갈림) 바라던 꿈을 마침내 이루게 되는 사람은 누구일까? (이건 확실히 너)

질문의 답이 엄마 아빠 아니면 할머니라고 착각하는 사람은 설마 없겠지? 모든 질문의 답은 바로 너야. 지금 이 책을 읽고 있는 너라고. 네가 열심히 노력한 결과는 모두 너에게 돌아가. 반대로 생각하면 네가 열심히 노력하지 않은 결과도 네 몫이라는 의미야. 좋은 결과든, 나쁜 결과든 그 결과는 모두 네 몫이야. 그러니까 더 헷갈릴 필요도 없이 네 공부의 주인은 너야. 이제 확실히 알겠지?

'내가 내 공부의 주인'이라는 걸 확실하게 인정하고, 내 꿈을 이루기 위한 공부를 시작하는 것. 이게 진짜 공부 1단계라는 사실, 잊지 마!

그럼 우리, 말 나온 김에 얘기 좀 하고 넘어가자.

네가 꼭 이루고 싶은 꿈은 뭐니? 너는 어떤 어른이 되고 싶니?

내 꿈은_____

이 되는 것입니다.

그 꿈을 이루어 _____

_____하는 일을

하고 싶습니다.

내 꿈을 이루기 위해 오늘부터 나는

내 공부의 주인이 되겠습니다.

네 꿈을 확인했다면 이제 뭘 해야 할까?

맞아, 너만의 목표를 향해 달릴 방향을 확인하고 어떤 길로 어떻게 달릴지 너만의 계획을 세워야겠지!

내 공부니까
내가 계획합니다

강의 영상
바로가기

진짜 공부 2단계에 온 걸 진심으로 환영해!

허겁지겁 2단계를 시작하는 것보다 중요한 건, 지난 1단계를 떠올리는 일이야. 1단계 없이는 2단계도 불가능하거든. 지겨울 수 있지만 다시 확인할게. 네가 매일 하는 공부의 주인이 누구라고? 그래 맞아, 네 공부의 주인은 너야. 1단계의 핵심은 그거였어. 그럼, 이제 본격적으로 진짜 공부 2단계에 돌입해 보자.

어떤 아저씨가 겪은 좀 이상한 일에 관한 이야기를 들려줄게. 이 아저씨가 올해 운이 엄청 좋았는지 어쩌다 한 번 사 본 복권이 덜컥 1등에 당첨됐어.

당첨액은 무려 20억 원. 아저씨는 당첨금을 잘 챙겨 설레는 마음으로 집으로 돌아갔지. 아저씨에 관한 소문이 마을에 쫙 퍼졌어. 동네 사람들은 부럽고 신기한 마음에 아저씨네 집으로 몰려와서는 그렇게 많은 돈으로 이제 뭐 할 거냐고

물어 댔어. 그러자 아저씨는 대답했지.

"아, 저는 돈 쓰는 방법을 잘 몰라요. 이 돈이 제 돈인 건 확실하지만 제가 무엇을 좋아하고, 지금 제게 무엇이 필요한지 모르겠어요. 그러니까 제가 지금부터 이 돈을 어떻게 쓰면 좋을지 대신 계획을 세워 주실 수 있을까요?"

그러자 가장 가까이 앉은 아주머니가 큰 소리로 외쳤어.

"금을 사세요. 금이 최고예요. 제가 잘 아는 금은방이 있는데 내일 같이 갑시다."

"네, 알겠습니다. 그렇게 할게요."

옆에 있던 청년이 더 큰 소리로 말을 막았어.

"지금 무슨 소리를 하는 거예요? 20억 원이나 되는 돈으로 겨우 금을 사라고요? 지금은 주식에 투자할 절호의 기회예요. 어느 종목에 얼마씩 투자하면 좋을지 결정해 줄 테니 제가 하라는 대로만 하면 됩니다. 무조건 두 배로 만들어 드리겠습니다."

"아, 좋은 방법이네요. 당장 주식에 투자하겠습니다."

가만히 듣고 있던 한 아가씨가 소리쳤어.

"다들 무슨 말씀이세요? 그 돈으로 가족을 위한 최고의 선물을 사세요. 부모님, 아내, 자녀에게 어떤 선물이 가장 좋을지는 제가 정해 드릴게요. 20억 원으로 살 수 있는 가장 좋은 선물들을 알려 드릴 수 있어요. 가족 선물로 전체 금액의 절반인 10억 원 정도를 사용하고, 남은 10억 원으로는 저에게 필요한 스포츠카를 한 대 사면 되겠어요. 아저씨는 어차피 이 돈을 어떻게 써야 할지 잘 모르시니까 저에게 필요한 것을 사서 잘 쓸게요."

"듣고 보니 그 말도 맞네요. 저는 어차피 잘 모르거든요. 그리고 아가씨에게는 자동차가 필요한 것 같아요. 좋은 의견 감사합니다. 제 가족이 좋아할 만한 선물 목록을 정해서 알려 주세요. 혹시 시간이 되면 선물 사러 함께 가 주시거나 제가 돈을 드릴 테니 직접 가서 선물을 사다 주실 수 있을까요? 저는 그 선물을 감사히 받아서 가족에게 전하겠습니다. 아, 제가 해 본 적이 없어서 그러는데요, 혹시 시간이 되면 선물을 구입한 후에 제 가족에게 직접 전달해 주실 수도 있을까요? 제가 보내는 선물이라고 꼭 전해 주시고 말이에요. 어쨌든 수고스럽겠지만 20억 원의 돈을 한 푼도 남김없이 모두 아가씨의 계획대로 사용해 주세요. 지금 제 통장에 있는 돈을 아가씨에게 모두 입금해 드릴게요. 정말 감사합니다."

이 아저씨, 뭔가 좀 독특하지 않니? 아저씨에게는 자기가 모든 것을 직접 결정할 수 있는 자유가 있고, 그 돈의 주인이 분명한데도 돈을 쓸 줄 모른다는 이유로 아무것도 하지 않으려고 해. 20억 원이나 되는 돈을 마음껏 쓸 기회가 왔는데도 그 돈을 멀찍이 바라보기만 하지. 마치 그 돈이 동네 사람들의 돈인 것처럼, 가족의 돈인 것처럼, 혹은 스포츠카를 사고 싶은 아가씨의 돈인 것처럼 말이야.

네가 만약 이 아저씨처럼 20억 원짜리 복권에 당첨된다면 넌 뭘 하고 싶니?

아마도 이 아저씨처럼 다른 사람에게 미루는 일은 절대 하지 않을 거야. 물론, 상황에 따라서 가족과 상의할 수는 있겠지만 20억 원을 다른 사람들이 마음대로 써 버리도록 두진 않겠지. 왜냐하면 이 돈의 주인은 너니까.

공부도 마찬가지야. 오늘 해야 할 공부의 주인은 너야. 그래서 나는 그 공부를 어떤 순서로, 얼마나, 언제, 어떻게 할지를 계획하고, 계획대로 실천에 옮기고, 다 하고 나서 제대로 했는지 점검하는 사람이 너였으면 좋겠어. 그게 주인이지, 아저씨처럼 주변 사람들이 하라는 대로 따라만 하거나 주변 사람에게 대신 해 달라고 부탁하는 건 주인이 아니야. 주인이면 주인답게 행동하자 이거야.

공부를 시작할 때 계획 세우기는 필수 관문이야. 혹시 "계획을 세우지 않는 것은 실패를 계획하는 것이다."라는 말을 들어 본 적 있니?

돈에 관한 계획을 세우지 않고 마구 쓰다 보면 돈을 날리기 십상이듯, 공부를 시작할 때도 계획을 세우지 않고 무작정 하다 보면 실패하기 마련이라는 말이야. 진짜 공부를 하고 싶다면 '무엇을 얼마나 공부할지'에 관한 계획을 세우는 습관이 필수야.

계획에는 크게 두 가지가 있어. 바로 장기(이번 학기) 계획과 단기(이번 주) 계획이야.

장기 계획 (이번 학기 계획)

장기 계획은 한 학기 또는 1년 단위 계획을 말해. 예를 들면, 이번 학기 동안 어떤 공부를 꾸준히 할지, 어떤 영역의 점수를 올릴지, 매일 어느 정도의 분량을 해낼지 등을 계획하는 게 장기 계획이야. 지금 네 학년 수준을 고려하여 필요하고, 적당하고, 해야 하고, 잘하고 싶은 공부의 과목을 구체적으로 정하면 돼.

교과 ＼ 활동	3학년 1학기 계획 예시
영어	자막 없이 영어 영상 보기
독서	독서 100권 도전하기 / 읽은 책 한 줄 기록하기 / 매일 30분 독서하기
수학	곱셈과 나눗셈 연산 매일 100점 도전하기
국어	매일 일기 쓰기 / 일주일에 독서록 두 편 쓰기

교과 ＼ 활동	5학년 2학기 계획 예시
영어	매일 영어 일기 쓰기 / 챕터북 도전하기 / 하루 한 챕터 읽기
독서	세계 명작 시리즈 도전하기 / 읽은 책에 관한 서평 쓰기
수학	6학년 1학기 수학 기본 문제집 풀기 / 분수와 소수 영역 연산 연습하기
국어	5학년 어휘 문제집 끝내기 / 매일 글쓰기 도전하기

엄마 눈치 보지 말고, 아빠 눈치 그만 보고 일단 정해 봐. 그러고 나서 부모님과 상의하여 조금씩 조정하는 건 언제든 괜찮아. 하지만 여기서 중요한 건, 부모님이 짜 준 계획을 네가 조정하는 게 아니라, 네가 짠 계획을 부모님이 조정한다는 점이야. 네 공부니까 네가 계획하는 거라고. 처음엔 혼자 하기 힘드니까 부모님의 도움을 받아 봐. 그러다가 서서히 혼자 해 보는 거야. 말 나온 김에 직접 계획을 세워 볼까?

올 한 해, 이번 학기 동안 꾸준히 해야 할 공부 영역은 뭐니?

뭐라고 써야 할지 모르겠다고? 그럴 땐 옆에 있는 예시를 보고 따라 쓰거나 살짝만 바꿔 봐. 모방은 창조의 어머니라고 하잖아. 하나씩 따라 하다 보면 보지 않고도 할 수 있는 날이 오기 마련이거든.

_____학년 _____학기, 나의 계획

국어

수학

영어

독서

국어·독서

고전 독서 도전하기

- 100권 독서 도전하기, 읽은 책 목록 작성하기
- 독서록 매주 1편씩 쓰기
- 매일 일기 쓰기(ㅇㅇ 줄)
- 블로그에 독서 기록하기, 주제 글쓰기 기록하기
- 1년간 쓴 글로 책 만들기

수학

매일 연산 훈련 도전하기(ㅇㅇ 영역)

- 학교 진도 스스로 복습·보충하기(교과서, 문제집 활용)
- 사고력, 심화 과정 문제집 도전하기
- 다음 학기 문제집 혼자 진도 나가 보기

영어

- 영어책 매일 읽기(ㅇㅇ 분)
- 매일 영어 책 소리 내서 읽기(ㅇㅇ분)
- 영어 단어 매일 외우기(ㅇㅇ 개)
- 영어 일기 도전하기(일주일에 ㅇ번)
- 영어 독해 문제집(ㅇ권)
- 자막 없이 영화 감상하기, 영어 방송 듣기 도전하기
- 전화·화상 영어 꾸준히 하기(ㅇ번)

단기 계획 (이번 주 계획)

단기 계획은 다른 말로 하면 일주일 공부 계획이야. 일주일 공부 계획을 세우고 주말에 점검하는 거지. 분량이 너무 많으면 위험해. 실패할 확률이 높아지거든. 우리는 지금 성공 경험을 쌓으려는 중이야. 첫 일주일은 성공할 가능성이 매우 높도록 아주 적은 양으로 도전하고, 차츰 늘리면서 계획을 수정해 봐. 조급하게 생각하지 마. 공부 하루 이틀 할 것도 아니잖아, 그렇지?

자, 오른쪽에 이번 주 계획을 적어 볼 플래너 양식이 있어. 일단 이번 한 주만 이곳에 계획을 세워 봐. 이제까지 어떤 공부를 했는지 떠올려 보고 그것들의 종류와 양을 정해서 적어 넣는 거야. 계획을 제대로 세웠는지 잘 모르겠다면 내일 계획만 먼저 세워 보면서 부모님께 여쭈어 보는 것도 좋은 방법이야.

다시 한 번 기억해 보자. 네 공부니까 네가 계획을 세우는 거고, 아직 익숙하지 않으니 당분간만 부모님의 도움을 받는 것뿐이야. 이제껏 부모님이 세워 준 계획이 더 익숙하고 그럴듯해 보이겠지만 부모님은 네 공부의 주인이 아니야. 언제까지 주인 아닌 사람이 주인 행세를 하게 내버려 둘 거니? 자기 돈 20억 원을 가지고 동네 사람들이 주인처럼 이런저런 계획을 세우게 내버려 두고, 그 돈을 마음대로 쓰라고 한 이상한 아저씨의 모습을 잊지 않길 바라.

 오른쪽 플래너 양식 다운로드
네이버 '슬기로운초등생활' 카페

 초등 플래너 구입처
온·오프라인 서점

날짜	요일	과목	공부할 과제	확인
/	월			
/	화			
/	수			
/	목			
/	금			
/	토			
/	일			

이게 진짜 공부야,
국어·수학·사회·과학

벌써 3단계네? 축하해, 이곳까지 무사히 온 걸 말이야.

직접 계획을 세워 보니 어땠어? 재미있었다고? 엄청 칭찬을 받았다고? 좋아. 그럴 땐 한번 우쭐하는 거지.

그것도 아니면 막막했다고? 혼났다고? 그럴 수 있어. 네 공부의 계획을 세워 본 건 처음이잖아. 처음엔 대부분 그러니까. 혹시 잘못했다고 여겨지거나 꾸중을 들었다고 주눅든 건 아니니? 계획은 세우면 세울수록 점점 더 잘 세우게 되어 있어. 그러니 속상해하지 마. 내가 장담해. 그러니 계획 세우는 단계에서의 고민은 잠시 접어 둬도 괜찮아.

이제부터 진짜 공부의 비법을 과목별로 하나씩 알려 줄게.

 **국어**

강의 영상
바로가기

국어는 모든 과목의 기본이라고 해. 국어라는 기초가 제대로 세워져 있어야 다른 과목에서 배우는 개념들을 쉽게 이해할 수 있고 내 것으로 만들 수 있거든. 국어를 잘한다는 건 말과 글의 뜻을 잘 이해하고 목적에 맞게 생각을 잘 표현할 수 있다는 것을 의미해. 이 과정을 쉽게 해내는 친구도 가끔 있지만, 더 많은 친구들이 국어를 잘하기가 어렵다고 생각해.

국어를 더 잘하고 싶은데 어떻게 해야 할지, 무엇을 해야 할지 막막할 거야. 국어는 내용이 워낙 많기도 하고, 수학처럼 답이 딱 떨어지는 과목이 아니거든. 그래서 지금부터 국어의 고수가 되는 방법을 콕 짚어 알려 줄게. 잘 들어 봐!

[국어의 고수가 되는 비법 4가지]

비법	실천 방법
독서 독서가 가장 빠른 길이다	• 하루 독서 시간을 정해 놓고 좋아하는 책 실컷 읽기 • 내용과 수준에 상관없이 관심 있는 분야의 책을 집중해서 읽기 • 책을 읽는 도중이나 읽은 후에 생각한 내용을 메모하기
교과서 기본은 교과서다	• 오늘 배운 국어 교과서를 천천히 읽고 복습하기 　(20~30분 소요)
글쓰기 표현력과 논리력을 키운다	• 국어 교과서 속 쓰기 활동을 꼼꼼히 정리하기 • 일기 & 독서 메모 & 매일 글쓰기 활용하기
국어사전 어휘력과 독해력을 다진다	• 공부하거나 독서하면서 모르거나 궁금한 단어는 반드시 국어사전이나 인터넷 검색을 활용하여 찾아보기 　예 종이 사전, 구글국어사전, 네이버국어사전, 다음국어사전

독서가 가장 빠른 길이다

"책 좀 읽어라!", "책만큼 훌륭한 스승은 없다.", "독서는 모든 공부의 기초다." 이런 말을 한 번쯤 들어 봤을 거야. 공감하며 고개를 끄덕이는 친구도 있지만, '글쎄, 정말 그런지 잘 모르겠다.'라고 여기는 친구들이 많을 거야. 독서가 도대체 뭐기에 사람들이 이렇게까지 이야기하는 걸까?

책에는 지금껏 살아온 사람들이 쌓은 지식과 경험이 폭넓게 담겨 있어. 동영상이나 사진처럼 눈에 생생하지는 않지만 훨씬 더 많은 내용을 자세하고 창의적으로 담아내고 있는 게 책이야. 세상에 있는 모든 지혜와 지식은 책에서 찾을 수 있다고 생각하면 돼. 책은 읽는 사람이 누구고, 어떤 방법으로 읽느냐에 따라 배우는 내용과 수준이 달라질 수 있어. 독서의 장점은 말할 수 없을 만큼 많지만 정리하면 다음과 같아.

⑴ 다양하고 폭넓은 지식을 쌓을 수 있다

⑵ 어휘력과 문장 구성 능력을 키울 수 있다

⑶ 문장 이해력이 높아진다

⑷ 논리력과 창의성 및 상상력이 커진다

어때, 굉장하지 않아? 여기에 한 가지가 더 있어. 그건 바로 새로운 사실과 이야기를 통해 느끼는 '재미'야. 독서를 통해 얻을 수 있는 좋은 점이 이렇게나 많은데 재미까지 있으니, 너도나도 독서를 가장 좋은 공부 방법으로 추천하는 거 아니겠어?

물론 책을 한두 권 읽는다고 해서 이런 능력이 어느 날 갑자기 눈에 띄게 좋아지는 건 아니야. 그럼에도 꾸준히 오랜 시간 읽다 보면 성장하는 속도가 점점 더 빨라질 거야. 높은 산 위에서 스키를 타고 내려가는 사람이 시간이 갈수록 점점 더 빠른 속도를 경험하게 되는 것처럼 말이야.

이렇게 유익한 독서를 꾸준히 하려면 무엇을 어떻게 해야 할까? 가장 좋은 방법은 오늘부터 책 읽기를 시작하는 거야. 매일 한 시간 정도는 재미있어 보이는 책을 천천히 생각하며 읽어 보라고 권하고 싶어. 그래야 책 읽기 습관이 붙고 읽는 재미도 느낄 수 있거든. 읽고 싶은 책은 도서관이나 서점에서 스스로 골라 보는 게 좋아. 그러려면 일주일에 한두 번쯤 도서관이나 서점에 들르는 게 좋겠지?

비법 2 ☞ 기본은 교과서다

진짜 공부를 위한 최고의 책은 교과서야. 교실에서 수업하면서 매일 보던 책이라 지겹기도 하고 우스워 보일 수 있지만 전문가들이 오랜 시간 고민해서 고른 좋은 글과 내용으로 채워진 책이 바로 교과서거든. 이 좋은 책을 두고 굳이 다른 책들을 기웃거릴 필요는 없잖아?

국어 수업이 끝나고 나면 배운 내용을 다시 한 번 정독(천천히 자세히 읽어 보는 독서 방법)하길 바라. 수업 시간이 빠르게 지나가다 보니 놓치는 부분도 생기고, 생각해 보는 시간을 갖지 못하는 경우가 더러 있을 거야. 그래서 정독이 필요해. 다시 한 번 꼼꼼히 읽다 보면 '이런 내용이 있었나?' 하는 생각이 들 거야. 그렇게 읽어야 내용을 깊이 있고 다양하게 배울 수 있지.

교과서 속 국어 지문 다음에는 내용을 파악하는 질문이 두세 개 있고, 그에 대한 생각을 적어 보는 활동이 있는데 이 부분을 대수롭지 않게 여기고 대충 넘기는 아이들이 많아. 우리는 그렇게 하지 말고 꼭! 꼼꼼하게 고민하고 적어 보면 좋겠어. 질문에 답하면서 글의 내용을 다시 한 번 살펴보게 되고, 글의 핵심 내용을 질문을 통해 추릴 수 있게 될 거야. 국어 교과서에서 정답을 찾아 적는 활동을 충실히 하다 보면 글쓰기 실력도 키울 수 있어.

이렇게 국어 교과서를 충분히 공부하고 난 다음에 더 자세히 공부하고 싶을 때 독해 문제집이나 전과를 보면 도움이 돼. 하지만 꼭 기억해야 할 게 있어. 국어 교과서를 제대로 공부하지도 않은 채 문제집을 푸는 건 제대로 걷지도 못하면서 뛰겠다고 하는 것과 같은 상황이라는 거야.

글쓰기로 표현력과 논리력을 키운다

글을 잘 쓰는 방법에는 글을 자주 써 보는 것과 좋을 글을 흉내 내서 써 보는 방법이 있어. 글쓰기를 하면 독서를 통해 눈으로 익힌 좋은 문장과 생각을 내 손으로 풀어내면서 생각도 정리할 수 있고 글로 표현하는 능력까지 발전시킬 수 있어. 글쓰기를 자주 한다면 더 좋겠지만 부담이 된다면 이렇게 해 봐.

(1) 독서를 하면서 떠오르는 생각을 한두 문장으로 간단히 써 보기
(2) 일주일에 한 편씩 다양한 글쓰기(일기, 편지글, 논설문, 기행문 등)

국어사전으로 어휘력과 독해력을 다진다

교과서 공부나 독서, 일상 대화, TV 시청을 할 때 만나게 되는 낯선 단어나 표현이 있지? 그럴 때는 국어사전에서 바로 찾아보거나 기억해 뒀다가 찾아보는 게 좋아. 뜻을 잘 모르지만 크게 상관없으니 지나가는 순간이 쌓이다 보면 어휘

의 성장이 거기서 멈춰 버려. 사전을 적극적으로 자주 활용하다 보면 단어에 담긴 여러 가지 뜻을 통해서 문장과 상황을 정확하고 다양하게 이해할 수 있어. 또 의미를 상상하고 맞추는 과정에서 이해력과 추리력도 향상되지.

책상이나 거실에 국어사전을 항상 두고 찾아보는 방법도 좋지만 구글, 네이버, 다음 같은 포털 사이트에 있는 국어사전을 이용해서 자료를 찾는 것도 좋아.

강의 영상
바로가기

"수학 쉽니?"라고 물으면 "네."라고 대답하는 친구가 가끔 있는데, "수학 재미있어?"라고 물으면 "재미있어요." 하는 친구는 별로 없더라. 수학을 왜 재미없어 하는 걸까?

우리는 초등학교에 들어오면서 아니, 초등학교를 입학하기 전부터 수학을 시작했어. 숫자를 배우고 간단한 덧셈과 뺄셈을 거쳐 구구단을 만났고 말이야. 구구단은 처음 외울 땐 조금 힘들지만 시간을 들인 만큼 완성해 가는 맛이 있고, 딱딱 들어맞는 계산에 부모님의 칭찬까지 더해지니 좋았을 거야. 이때까지는 수학이 참 만만하고 재미있었을 거야. 그때는 수학이 그렇게 싫지 않았고 힘들지 않았는데 대체 지금은 왜 부담스럽고 재미없는 과목이 되었을까? 수학이 구구단 시절처럼 다시 쉽고 즐거울 수는 없는 걸까?

수학은 배운 내용을 빠트리지 않고 계단식으로 차곡차곡 쌓아 나가야 하는 과목이야. 계단이 중간에 하나 빠지면 어떻게 되지? 그 위로 쌓을 수도 없을 뿐만 아니라 다 무너져 버리지. 사회나 과학은 모든 단원의 내용이 서로 연관된 건 아니야. 그러다 보니 앞에 배운 내용을 이해하지 못했더라도 새롭게 배우는 내용을 잘 이해하고 좋은 결과를 얻을 수 있어. 하지만 수학은 달라.

앞서 공부한 내용을 이해하지 못한 채로는 다음 내용을 이해할 수 없어. 앞에서 배운 내용을 토대로 다음 내용을 해결해야 하는 구조거든. 방 탈출 게임과 비슷한 구조라고 보면 돼. 앞서 제시한 수수께끼를 풀어내고 단서를 얻어야 마지막 방문을 열고 탈출할 수 있는 것처럼.

수학은 매일 시간을 정해 놓고 공부하는 게 좋아. 사람마다 집중력에 따라 시간을 조절할 순 있지만 하루도 빠짐없이 수학과 만나는 것만큼 좋은 방법은 없어. 처음에는 낯설어 서먹할 거야. 하지만 매일 함께하는 시간이 쌓일수록 거리감이 줄어 친숙해질 거고. 그런 시간이 늘어 갈수록 어려운 문제를 만나도 피하지 않고 자신 있게 마주하는 힘이 커지게 돼.

그래도 매일 어느 정도 해야 할지 궁금할 거야. 아래 표 보이지? 적어도 이 정도는 매일 해 보자. 3학년이라도 처음엔 10분부터 시작해서 10분씩 천천히 늘려 30분 이상이 되면 돼. 그러니 처음부터 겁먹지는 말고!

[일일 혼자 수학 시간(하루 최소 권장 시간)]

시간 \ 학년	1~2학년	3~4학년	5~6학년
공부 시간	15~20분	30~40분	1시간

매일 정해진 시간에 수학을 만나더라도 어떤 친구는 빨리 수학과 친해지고, 어떤 친구는 친해지는 데 오래 걸릴 거야. 어떻게 하면 더 빨리 친해질 수 있을지 나만의 비법을 알려줄게.

비법
1. 내 실력을 확인하고 모르는 내용부터 시작한다.
2. 개념, 용어, 성질, 공식은 반드시 외우고 시작한다.
3. 풀이 과정은 공책에 정리한다.
4. 문제를 보면 조건에 따로 표시를 하고, 직접 푼다.
5. 다양한 방법으로 풀어 보고 끝까지 고민한다.
6. 수학 교과서를 활용해 문제를 만들어 본다.
7. 수학 오답 공책을 만들어 활용한다.

 ## 비법 1 내 실력을 확인하고 모르는 내용부터 시작한다

지금 5학년이라고 해서 5학년 수학을 꼭 해야 하는 건 아냐. 5학년이라도 구구단을 능숙하게 외우지 못할 수 있고, 분수에 대한 개념이 여전히 헷갈릴 수 있어. 그럴 땐 부끄러워하지 말고 2~3학년 수학부터 시작하는 게 가장 빠른 길이야. 지난 학년 내용을 모른 채로 넘어가면 결코 지금 학년 내용을 잘할 수 없는 게 수학이거든. 창피하다고 건너뛰었다간 수학을 제대로 배울 수도 없고 점점 수학을 멀리하게 될 거야.

내가 알고 있는 내용과 모르는 내용을 먼저 확인하고 모르는 부분이 있다면 꼭! 지난 학년 내용부터 시작했으면 좋겠어. 2~3년 뒤처진 걸 따라잡을 수 있을까 걱정하지 않아도 돼. 마음먹고 공부하면 생각보다 빠른 시간 안에 따라잡을 거야. 그렇게 부족한 부분을 확실히 메우면 지금 학년에 해당하는 공부가 훨씬 쉬워지면서 속도가 붙을 거야. 믿어 봐.

수학 교과서를 펼쳐보면 용어에 대한 설명과 성질이 다른 내용과 구분되도록 빨간색으로 적혀 있거나 색깔이 다른 네모 안에 적혀 있는 걸 알 수 있어. 그게 바로 핵심 내용이야. 정리된 핵심 내용을 천천히 읽고, 외우고, 이해하면 돼. 개념, 용어, 성질, 공식은 수학을 공부하는 과정에서 가장 기본이자 중요한 출발점이야.

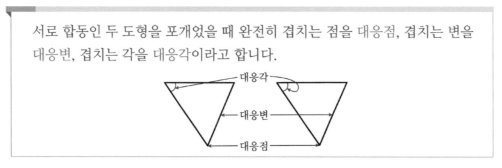

서로 합동인 두 도형을 포개었을 때 완전히 겹치는 점을 대응점, 겹치는 변을 대응변, 겹치는 각을 대응각이라고 합니다.

수학 교과서 5학년 2학기 3단원 합동과 대칭 57쪽에서

흔히 수학을 창의성과 응용력이 필요한 공부라고 이야기하는데, 창의성과 응용력을 발휘하려면 개념과 성질에 대한 이해가 바탕이 되어야 해. 수학을 싫어하고 멀리하는 친구들을 만나 보면 대개 개념을 머릿속에 넣지 않고 마냥 어렵다고만 하더라고.

기본을 다지는 데는 시간이 더 걸릴 수 있어. 그래도 기본이 탄탄하면 그만큼 새롭게 만나는 문제를 이해하고 해결하는 능력이 눈에 띄게 성장할 거야. 잊지 마, 수학은 기본적인 내용에 대한 이해와 암기에서 시작하는 거야!

풀이 과정은 공책에 정리한다

수학 문제 푸는 과정을 잠깐 떠올려 볼까? 일단 문제를 찬찬히 읽을 거야. 바로 문제 풀이를 할 때도 있겠지만, 조금 까다로운 문제는 어떻게 풀어야 할지 곰곰이 생각할 거야. 푸는 방법이 정해지면 식을 세우고 연산을 해서 풀어 나가겠지. 식을 세우고 정답까지 다가가는 과정, 즉 풀이 과정은 문제집과 시험지 곳곳에 흔적으로 남아.

흔적은 사람마다 다를 거야. 정해진 위치에 순서대로 풀이를 적는 친구도 있지만, 빈 공간 여기저기에 순서 없이 풀이를 적는 친구도 있어. 당장은 순서 없이 마구잡이로 푸는 게 문제 풀이 시간을 줄일 것 같지만 오히려 반대야. 그러니 기왕 푸는 문제라면 풀이용 수학 공책을 정해 놓고 풀이 과정을 순서대로 적는 연습을 해 두길 바라.

문제를 공책에 정리하면서 풀면 논리적인 생각의 과정대로 풀이를 정리할 수 있어. 또 풀이 과정을 머릿속으로만 떠올리지 않고 눈으로 확인할 수 있어서 효율적인 해결 방법을 떠올리게 되는 경우도 있지. 게다가 제대로 풀었는지 확인하는 검산 시간도 줄이고 틀린 부분을 빠르게 찾아내어 수정할 수 있어. 그러니까 꼭 해야겠지? 이 방법이 습관이 되면 학교 시험에 자주 나오는 서술형 문항을 따로 연습할 필요도 없어. 풀이 방법 자체가 서술형 문제 풀이 과정이니까.

다음은 6학년 2학기 4단원 '비례식과 비례배분'에 나오는 문제를 푼 공책 그림인데, 여러 친구가 왼쪽 방법처럼 풀고 있을 거야. 익숙하지 않겠지만 오른쪽처럼 단계별로 정리해 가며 푸는 습관을 들이면 좋겠어! 처음엔 조금 귀찮을 수 있어. 하지만 몇 번 해 보면 어렵지 않을 거야.

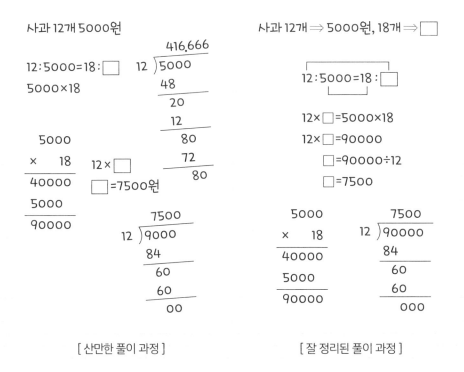

[산만한 풀이 과정]   [잘 정리된 풀이 과정]

비법 4 문제를 보면 조건에 따로 표시를 하고, 직접 푼다

수학 문제에는 아무리 길어도 쓸데없는 조건은 없고, 아무리 짧아도 필요한 조건은 모두 포함되어 있어. 특히 수학에서는 제시된 조건 찾아내기가 중요해. 그래서 문제의 조건에 표시하면서 읽는 습관을 들여야 해.

수학 문제를 읽으면서 제시하는 조건이 나오면 바로 동그라미를 쳐서 구분하고, 중요한 내용이 나오면 밑줄을 그어 구분하는 연습을 해 봐. 문제를 대충 빠르게 읽고 급하게 풀기 시작하거나, 아는 내용인데도 문제를 착각하거나 빠트려서 실수가 잦은 경우라면 확실한 효과를 볼 수 있을 거야.

서영이네 학교에서 독서 골든벨이 열렸습니다. 남학생 140명 여학생 120명이 참가하여 예선을 통과한 학생은 남학생 100명 여학생 90명이었습니다. 남학생과 여학생 중에서 참가한 학생 수에 대한 예선을 통과한 학생 수의 비율이 더 높은 쪽은 어느 쪽입니까?

수업 시간에 선생님이 문제 푸는 걸 보면 참 쉽고 명쾌하지? 보고 있는 것만으로도 다 이해되고 내가 푼 양 제대로 공부한 듯해 뿌듯할 거야. 하지만 그거 착각인 거 아니? 선생님이 풀이한 문제를 문제만 적어 놓고 스스로 풀어 볼래? 다 안다고 자신했던 문제 중 의외로 풀지 못한 문제를 만나 당황했던 경험이 있을 거야.

문제는 처음부터 끝까지 직접 풀어 봐야 내가 아는지 모르는지 확인할 수 있고 문제 이해력과 문제해결력도 키워져. 한 번에 해결한 문제는 넘어가도 괜찮지만 한 번이라도 틀리거나 아리송해서 고민했던 문제라면 꼭! 공책에 따로 정리해 두길 바라. 풀이 과정을 보지 않고 처음부터 스스로 풀면 그때서야 그 내용과 문제가 네 것이 되는 거야.

비법 5 ☞ 다양한 방법으로 풀어 보고 끝까지 고민한다

수학의 가장 큰 매력은 뭘까? 국어처럼 애매하지 않고 딱! 떨어지는 답이 있다는 거 아닐까? 또 다른 매력을 꼽자면, 같은 문제를 해결하는 방법이 한 가지가 아니라는 거야. 피자를 나눠 먹을 때 한 사람이 한 조각씩 가져가는 방법인 빼기 방법이 있지만, 나눠 먹을 피자의 개수를 사람 수로 나누는 방법인 나눗셈 방법도 있잖아?!

한 문제를 풀 때 한 가지 방법으로만 해결하지 않고 내가 알고 있는 수학 지식을 활용해서 다양하게 접근하면 문제를 더 재미있게 해결할 수 있는 과목이 수학이야. 그래서 공책에 정리할 때도 관련된 내용과 함께 다른 풀이법이 있는지 확인하고 적어 두는 방법을 추천해!

문제를 채점할 때는 정답을 맞힌 문제도 정답지에 나온 풀이법과 비교해서 확인하는 습관을 들이는 게 좋아. 같은 풀이라도 전문가의 풀이가 더 논리적이고 효율적인 경우가 많다 보니 효과적인 흐름을 배울 수 있거든. 답은 같은데 네가 푼 풀이와 정답지에 나온 풀이 방법이 다를 때도 있을 거야. 그럴 땐 새로운 풀이법을 배울 수 있으니 더할 나위 없이 좋지.

4학년 2학기 1단원 '분수의 덧셈과 뺄셈'에는 '$2\frac{1}{4}+3\frac{2}{4}$ 를 구하시오.'라는 문제가 나오는데, 이 문제는 두 가지 방법으로 풀 수 있어.

[한 문제를 여러 방법으로 풀이한 예시]

문제	$2\frac{1}{4}+3\frac{2}{4}$ 를 구하시오.
방법 1	• 자연수끼리 더하고 진분수끼리 더해서 합하는 방법 $(2+3)+(\frac{1}{4}+\frac{2}{4})=5+\frac{3}{4}=5\frac{3}{4}$
방법 2	• 대분수를 가분수로 만들어 계산하는 방법 $\frac{9}{4}+\frac{14}{4}=\frac{23}{4}=5\frac{3}{4}$

물론 두 가지 방법을 모두 활용할 수 있으려면 대분수($2\frac{1}{4}$)는 자연수와 분수 ($2+\frac{1}{4}$)로 나눌 수 있다는 걸 알고 있어야겠지?

비법 6 ☞ 수학 교과서를 활용해 문제를 만들어 본다

가장 효과적인 공부법으로 다른 사람에게 설명하기를 꼽는 사람이 많아. 내가 이해한 내용을 부모님이나 친구에게 설명하거나 가르쳐 보면 내용을 더욱 확실하게 정리할 수 있거든. 하지만 매번 부모님과 친구를 만날 순 없잖아. 그래서 추천하는 방법은 네가 직접 만든 문제를 스스로 풀어 보는 방법이야. 문제를 직접 만들어 보면 문제를 출제하는 사람의 관점에서 핵심을 찾아보게 되고, 내용을 훨씬 더 깊이 이해할 수 있거든.

[교과서를 바탕으로 낸 문제의 예시 1]

단원	3학년 1학기 5단원 길이와 시간
영역	수와 연산 / 도형 / 측정과 확률 / 통계 / 규칙성
예시	문제 규원이는 토요일 아침 9시 35분에 일어났습니다. 토요일마다 하는 아이패드 게임을 신나게 30분간 했습니다. 게임을 마치고 난 시각은 언제입니까? 풀이 9시 35분 + 30분 = 9시 65분 = 10시 5분

단원	6학년 1학기 4단원 비와 비율
영역	수와 연산 / 도형 / 측정과 확률 / 통계 / 규칙성
예시	**문제** 힘찬이는 이번 블랙프라이데이에 게임기를 사려고 합니다. PS4 슬림과 닌텐도 스위치 게임기 중 가격이 더 저렴한 것으로 구입하려고 하는데, 각 게임기의 할인율은 아래와 같습니다. 힘찬이는 어떤 게임기를 얼마에 구입했을까요?

구 분	PS4 슬림	닌텐도 스위치
정가	328,000원	335,000원
할인율	25%	28%

풀이 PS4 슬림 : $328,000원 - (328,000원 \times \frac{1}{4}) = 246,000원$

닌텐도 스위치 : $335,000원 - (335,000원 \times \frac{7}{25}) = 241,200원$

닌텐도 스위치가 PS4 슬림보다 4,800원이 저렴함
따라서 닌텐도 스위치를 241,200원에 구입함

비법 7 수학 오답 공책을 만들어 활용한다

한 번에 이해되지 않거나 틀렸던 문제는 다시 풀어도 헷갈리는 거 알지? 어김없이 그 개념과 문제가 시험 볼 때마다 발목을 잡을 텐데, 확실하게 해결해 두어야겠지?

교과서나 문제집을 풀면서 헷갈리거나 틀린 문제들은 오답 공책에 따로 정리해 둬야 해. 막상 정리해 보면 비슷한 유형에서 자꾸 막히고 있는 걸 발견할 거야. 약하고 막혔던 유형을 제대로 공략하고 나면 오히려 그 유형이 내게 가장 자신 있는 유형으로 바뀔 수 있어. 어렵고 헷갈렸던 유형이라 더 오래 붙들고 고민해야 해결이 될 거야. 그 과정에서 끈기와 문제해결력이 자연스럽게 키워지기 때문에 조금 어렵지만 새로운 유형을 만나도 전보다 쉽고 빠르게 해결할 수 있게 되는 거고.

오답 공책을 작성하는 방법은 단순해. 틀린 문제를 공책에 똑같이 옮겨 적고 다시 풀면서 풀이 과정을 정리하면 돼. 제시된 조건이 많아 문제가 꽤 길거나 표·그림이 많은 경우에는 문제를 옮겨 적는 게 힘들 순 있어. 그럴 땐 문제집에서 틀린 문제를 오려 오답 공책에 붙여서 정리해도 괜찮아. 하지만 특별한 경우가 아니라면 문제를 손으로 적어 가면서 풀어 보는 게 좋아. 직접 적으면서 문제를 여러 번 다시 읽고 분석하는 기회를 얻을 수 있거든.

다음은 오답 공책을 정리하는 예시야. 문제와 풀이법을 쓰는 건 기본이고, 틀린 이유까지 적어 두는 게 좋아. 그래야 나중에 비슷한 실수를 줄일 수 있거든.

[오답 노트 형식 예시]

2021년 5월 22일 화요일

문제	오답	정답	오답의 이유
(○○문제집 15쪽, 5번) 0.8×0.7을 계산하시오.	$\begin{array}{r} 0.8 \\ \times\ 0.7 \\ \hline 5.6 \end{array}$	$\begin{array}{r} 0.8 \\ \times\ 0.7 \\ \hline 5.6 \\ 0\ 0 \\ \hline 0.56 \end{array}$	소수점 이하 자리가 2개인데 1개로 생각해서 풀이함. ⇨ 계산 결과에 소수점 이하 2자리를 반영하여 표시함.

'사회'라는 과목은 정말 알다가도 모르겠어. 우리가 생활 속에서 가장 가깝게 경험하는 내용이 담겨 있는 과목이라는데, 그건 솔직히 어른들 이야기지. 우리 눈에는 상관없어 보이는 내용이 너무 많아.

물론 선생님이 역사 속 인물이나 사건을 이야기로 풀어서 재미있게 들려줄 때는 푹 빠져서 듣기도 할 거야. 하지만 정치, 경제, 지리 같은 내용을 배울 땐 어려운 단어가 자주 나오고 외워야 하는 내용이 너무 많아 막막할 때가 많을 거야. 재미있고 좋다가도 어렵고 부담스러운 과목이라 갈피를 못 잡는 과목이기도 할 거야. 그렇지 않아?

이렇게 만만치 않은 다중이(여러 특징을 지닌) 과목, 사회를 조금 더 쉽고 재미있게 공부하려면 어떤 방법이 있는지 살펴볼까?

[만만한 사회 만들기 비법 5가지]

비법	실천 방법
내 머릿속에 배경지식을 채운다.	• 독서, 신문 기사, 잡지 등
교과서에 나오는 용어의 뜻을 미리 파악해 둔다.	• 인터넷 사전(네이버, 다음, 구글 등)을 활용하여 의미를 정확히 찾아 정리하기
내 경험과 관련지어 생각하고 기억한다.	• 내가 경험한 상황과 관련지어 정리하고 기억하기 예 투표 – 부모님과 투표소에 방문한 경험
인터넷과 디지털교과서를 적극 활용한다.	• 디지털교과서를 다운로드해 공부하기, 인터넷 지도, 프로그램, 영상 참고하기 예 구글 맵, 네이버 지도, 유튜브 등
배움공책을 요약정리 공책으로 활용한다.	• 배움공책에 주요 개념과 용어를 정리해 두고 요약정리 공책으로 활용하기

사회를 공부하다 보면 참 다양한 내용이 담겨 있지? 그런데 잘 살펴보면 어디선가 듣고 보고 배운 내용도 많이 있을 거야. 사회 교과서 속 내용은 모두 우리가 살아가고 있는 사회에서 일어난 일, 현재도 경험할 수 있는 내용, 미래에 경험할 일로 가득차 있거든.

간혹 역사·지리·사회 문화 내용에 척척박사인 친구도 있어. 교실에서 사회 수업을 했을 때 난 분명 처음 배우는 내용인데 이미 배운 것처럼 대답하고 발표하는 친구가 있었을 거야. 그런 친구들이 바로 다양한 경험과 독서를 통해 배경지식을 쌓은 친구들이야. 지금 이 책을 읽고 있는 너도 몇 개월만 독서에 시간을 투자한다면 그 친구들처럼 배경지식을 풍부하게 쌓을 수 있을 거야. 다양한 책을 차근차근 골고루 읽는 게 무엇보다 중요하지만, 짧은 시간 안에 성과를 경험하고 싶다면 다양한 내용을 한데 모아 요약해 놓은 잡지(과학·시사·논술·교양 잡지 등) 읽기도 좋은 방법이야.

책 읽기와 더불어 신문 읽기도 배경지식을 쌓을 수 있는 효과적인 방법이야. 좋은 읽기 습관까지 기를 수 있어서 많이 추천하는 방법이지. 어린이용 종이 신문이나 인터넷 신문을 구독해서 시간을 정해 놓고 읽어 보면 어떨까? 교과서 내용만 읽고 배우는 것보다 관련된 내용을 넓고 깊게 이해할 수 있도록 도와줄 거야.

배경지식이 풍부하면 교과서 속 내용을 더 쉽게 이해할 수 있어서 공부 자신감이 커질 거야. 여기에 더해 전체 흐름을 파악하고 구체적인 내용을 깊이 있게 공부하는 데도 도움을 주니까 더없이 좋지.

교과서에 나오는 용어의 뜻을 미리 파악해 둔다

게임을 시작하기 전에 가장 먼저 하는 일이 뭐야?

게임을 실행시키는 게 먼저지만 그다음엔 게임을 어떻게 조작하는지 어떤 기능이 있는지를 살펴보지 않아? 게임처럼 사회 공부를 시작할 때도 내용을 설명하는 용어와 개념을 이해하는 게 가장 먼저 할 일이고 기본이야. 내용을 충분히 이해하면 암기도 훨씬 쉽고 빨라지거든.

영역, 주권, 범례, 축척, 삼권분립, 중화학 공업 육성 등 딱딱하고 들어 본 적 없는 용어를 배우려니까 부담스럽지?

그래서 사전을 찾아 정확한 의미를 찾아보고 그 의미를 내가 이해하기 쉬운 말로 정리해 보는 활동이 꼭 필요해. 모르는 단어는 그냥 넘기지 말고 사전을 찾아봐. 뜻을 정확히 알아야 내 것으로 만들기가 쉬운 법이거든. 공부라는 건 배운 내용을 내 것으로 만드는 과정이니까.

[교과서 용어 정리하기]

단어	사전에 나온 뜻	내가 이해한 뜻
영역	한 나라의 주권이 미치는 범위	우리나라가 원하는 대로 할 수 있는 곳 (땅-영토, 하늘-영공, 바다-영해)
주권	국가의 의사를 최종적으로 결정하는 권력	나라가 하고 싶은 대로 할 수 있는 힘(자격)
의사	무엇을 하고자 하는 생각	마음먹은 생각

생소한 내용은 이해하기도 어렵고 외우기도 힘든데, 겨우 외워 놓아도 더 빨리 잊어버리곤 하지. 어쩌면 공부는 지식을 얼마나 담느냐보다 얼마나 오래 남게 하느냐가 더 중요한 과정인지도 몰라. 머릿속에 남아 있어야 필요할 때 꺼내 쓸 수 있으니까. 지식이 머릿속에 잘 남아 있도록 하려면 경험과 연관 지어 담는 방법을 추천해. 지식에 생생한 경험이 덧붙여지면 뇌는 더 잘 이해하고 더 오래 기억하는 법이거든.

예를 들어, 4학년 1학기 사회 교과서에는 우리 지역을 볼 수 있는 다양한 지도가 등장해. 실생활에서 이런 종류의 지도를 본 적이 있는지 골똘히 떠올려 봐. 얼마 전에 받은 이모 청첩장 안쪽에 그려져 있던 약도, 여행지 홈페이지에 있던 '찾아오시는 길' 약도, 맛집을 찾아갈 때 도움을 준 아빠 차 안의 길도우미, 집 근

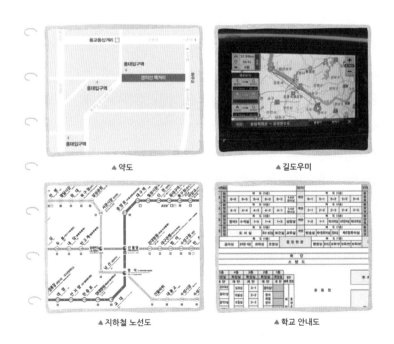

▲ 약도   ▲ 길도우미

▲ 지하철 노선도   ▲ 학교 안내도

처 쇼핑몰을 갈 때 지하철역에서 봤던 지하철 노선도, 우리 학교 1층 현관에서 봤던 학교 안내도 등등. 네가 겪은 일과 연결해 두면 이해하기도 쉽고 기억에도 더 오래 남을 거야.

역사나 지리와 관련된 내용이라면 부모님과 함께 갔던 여행, 수련회, 가족 모임 등을 떠올려 보는 거야. 직접 방문한 곳이거나 그 근처에 있던 곳도 많아. 예를 들어, 부모님과 함께 간 경주 여행에서 본 석굴암과 안압지, 안동 하회마을에 갔을 때 구경한 탈춤 등의 내용을 교과서 속에서 만나면 더 관심이 가면서 재미있게 공부할 수 있지.

6학년 1학기에 나오는 법원 같은 곳은 거리가 너무 멀잖아? 그럴 때는 법원 견학을 신청해서 체험해 봐. 영화 속에서 보던 것과 다른 긴장감을 온몸으로 느낄 수 있을 거야. 직접 경험하면 관심과 흥미가 높아져 구체적인 기억으로 남길 수 있어. 직접 경험에는 시간과 노력이 많이 들지만 그만큼 생동감 있는 공부를 할 수 있어. 직접 경험하고 싶은 장소와 활동을 계획해서 부모님과 함께 체험해 보는 건 어떨까?

인터넷과 디지털교과서를 적극 활용한다

사회 교과서에는 영상과 사진 자료를 함께 봐야 이해하기 쉬운 내용이 많아. 아무리 그렇다 해도 하나하나 다 찾아볼 순 없잖아. 그래서 난 디지털교과서를 다운로드해서 활용하길 추천해. 디지털교과서에는 교과서 내용은 물론 본문 내용을 보충해 주는 생생한 사진, 도표, 영상이 담겨 있어. 디지털교과서만 잘 활용해도 사회를 더 쉽고 재미있게 공부할 수 있을 거야.

디지털교과서 말고도 지도를 살펴볼 때는 구글 맵, 네이버·다음 지도 등을 활용하면 더 실감나고 자세히 공부할 수 있어. 더불어 국토지리정보원, 기상청, 박물관 홈페이지 등을 이용하면 교과서 내용과 관련하여 더 넓고 자세한 정보를 살펴볼 수 있어. 이렇게 살펴보니 사회 공부를 재미있게 할 수 있는 방법이 참 많지?

비법 5 배움공책을 요약정리 공책으로 활용한다

배움공책으로 가장 큰 공부 효과를 볼 수 있는 과목은 사회야. 사회 교과서에는 용어와 개념, 기억해야 할 내용이 많아서 배움공책에 잘 정리해 두면 여러모로 좋아. 핵심 내용을 요약하고 정리하는 과정을 거치면 내용이 머릿속에 잘 기억되고, 나중에 기억을 떠올리는 데도 유리하거든. 내가 정리한 내용이라 복습할 때 보면 그 어떤 자료보다 유용할 수밖에 없고 말이야. 배움공책 쓰는 법은 2부에서 자세히 설명해 줄게!

만화 영화에 나오는 과학자를 보면서 '나도 과학자가 될 거야.'라고 생각해 본 적 있을 거야. 나는 뽀로로에 나오는 에디가 그렇게 멋있어 보이더라고. 모르는 것 없는 척척박사에 친구들이 말만 하면 필요한 물건을 뚝딱뚝딱 만들어 내는 천재 과학자 에디 말이야.

과학을 공부하다 보면 우리 생활 속에 이렇게 많은 과학 원리가 숨어 있었나 싶어 놀랄 때가 많아. 병뚜껑을 따는 데 지렛대의 원리가 들어 있다는 사실, 에어컨 바람이 위쪽으로 향해야 더 빨리 시원해진다는 사실(공기의 순환) 같은 것 말이야. 우린 하루가 다르게 빠르게 발전하는 과학을 매순간 느끼는 시대를 살고 있잖아!

현재 우리 생활 속 모든 순간이 과학과 연관되어 있다고 해도 과언이 아니야. 두말할 나위 없이, 앞으로 과학과 우리 생활은 더욱 더 밀접해질 거야. 그렇다면 과학을 자세히 이해하고 삶에 활용하는 지혜가 필요하지 않을까?

[똑똑한 과학 만들기 비법 4가지]

비법	실천 방법
생활 속 과학을 찾는다.	• 교과서 속 과학 원리와 관련 있는 생활 속 경험 사례 찾기
용어의 개념, 서로의 관계를 정리한다.	• 용어와 개념을 잘 정리하고 관련 있는 다른 개념들과 상관관계를 표시하여 정리하기
실험 탐구 과정을 표와 그림으로 정리한다.	• 실험 탐구 과정의 순서와 유의점을 표나 그림으로 정리하기
글쓰기로 마무리한다.	• 가설 설정, 예측, 관찰 내용 등을 포함하여 글쓰기

비법 1 생활 속 과학을 찾는다

과학 교과서에 나오는 내용 대부분은 실제 우리 생활과 관련 있는 내용이야. 그 원리와 성질이 실제 활용되고 있는 사례를 찾아서 연관 지어 보면 더 구체적으로 기억하고 깊이 있게 이해할 수 있을 거야.

예를 들어, 캠핑을 가서 바비큐도 해 먹고 모닥불을 피워 분위기 있는 시간을 보내다가 잠자기 전 모닥불을 끌 때 썼던 방법을 떠올려 봐. 불이 나려면(연소) 불에 탈 수 있는 물질(연료), 높은 열(온도), 공기(산소)가 필요한데 이 중 하나만 부족해도 불은 꺼지게 돼 있어. 나무를 빼거나(연료 없애기), 물을 붓거나(온도 낮추기), 흙으로 덮기(산소 차단하기)가 모두 연소의 원리와 연관되어 있다는 걸 쉽게 알 수 있지. 더운 여름 시원한 물을 마시기 위해 물을 가득 넣은 생수병을 냉동실에 넣었다가 터져 버린 슬픈 기억에도 과학이 숨어 있어. 물이 얼음으로 변하면서 부피가 커진다는 사실을 알았더라면 병에 넣는 물의 양을 조금 줄였을 거고 그랬다면 생수병이 터지는 일도 없었겠지.

이렇게 생활과 관련 있는 내용이 있다면 자료를 더 찾아보고 연관 지어 보면서 과학을 더 즐겁게 공부할 수 있을 거야.

비법 2 용어의 개념, 서로의 관계를 정리한다

과학 용어는 다른 말로 바꾸기 어려운 약속된 말이 대부분이야. 그래서 그 뜻을 정확히 알고 정확하게 사용하는 것이 중요해. 사회 공부를 할 때처럼 배움공책에 개념과 용어를 잘 정리해 두면 혼동되지 않아 좋아. 과학 용어 중에는 혼자 쓰이는 용어도 있지만 다른 용어과 관계 지어 기억해야 하는 용어도 많아. 그래서 아래 그림처럼 표나 그림으로 상관관계를 표시하며 보기 쉽게 정리하는 방법을 권해.

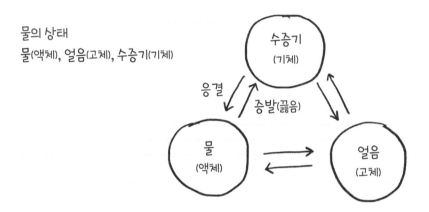

과학 4학년 2학기에 등장하는 '물의 상태 변화'

비법3 실험 탐구 과정을 표와 그림으로 정리한다

과학은 조사 탐구 과정이나 실험 과정이 많아. 따라서 순서에 따라 과정을 적고 유의할 점이나 관련 있는 내용은 그림이나 표로 한곳에 정리해 두면 도움이 돼. 아래 예시처럼 모아서 정리하면 이 내용을 그대로 내 머릿속에 사진처럼 담아 두기도 쉽고 다시 복습해야 할 때 시간을 줄일 수 있지.

· 산소 발생 실험 과정
　① 가지 달린 삼각 플라스크에 물을 조금 넣은 뒤 이산화망가니즈를 한 숟가락 넣어
　　 기체 발생 장치 꾸미기
　② 묽은 과산화수소수를 깔때기에 $\frac{1}{2}$ 정도 붓기

③ 핀치 집게를 조절하여 묽은 과산화수소수를 조금씩 흘려보내면서
　　삼각 플라스크 내부와 수조의 ㄱ 자 유리관 끝부분 관찰하기

④ 묽은 과산화수소수를 더 넣어 집기병에 산소를 모으고, 산소가 가득 차면
　　물속에서 유리판으로 집기병 입구를 막아 집기병 꺼내기

⑤ 산소의 색깔과 냄새를 관찰하기

⑥ 산소가 든 집기병에 향불을 넣어 불꽃이 변화하는 모습 관찰하기

• 산소의 성질

1. 산소는 색깔과 냄새가 없다.

2. 산소는 스스로 타지 않지만 다른 물질이 타는 것을 돕는다.

3. 산소는 철이나 구리와 같은 금속을 녹슬게 한다.

4. 산소는 사람이 호흡을 할 수 있게 한다.

과학 6학년 1학기 '산소 발생과 성질' 실험 과정 정리 예시

비법 4 　글쓰기로 마무리한다

　　과학책과 붙어 있는 짝꿍 있지? 실험 관찰 책 말이야. 실험 관찰 책을 살펴보면 대부분 단답형보다는 탐구하거나 실험한 내용에 대해 문장형으로 답하도록 되어 있는 걸 알 수 있어.

　　과학은 탐구와 실험 과정에서 가설 세우기, 확인하기, 검증하기 등을 진행하는데 이 과정 속에는 끊임없이 고민하고 수정하고 확인하는 사고 과정이 포함되어 있어. 이처럼 머릿속에서 이루어지는 과정을 글로 정리하다 보면 다른 생각을 만들어 내는 일이 가능해져. 그래서 실험 관찰 책에 내용을 적을 때는 자세하게 적는 게 좋아.

　　더 나아가서 생물 단원처럼 성장과정을 오래 보고 기록해야 하는 경우에는 관

찰 일기를 꾸준히 적어 보면 재미있어. 관찰력과 더불어 논리적 사고력, 글쓰기 실력까지 키울 수 있으니까 꼭 시도해 보면 좋겠어!

[실험관찰 정리하기 예시]

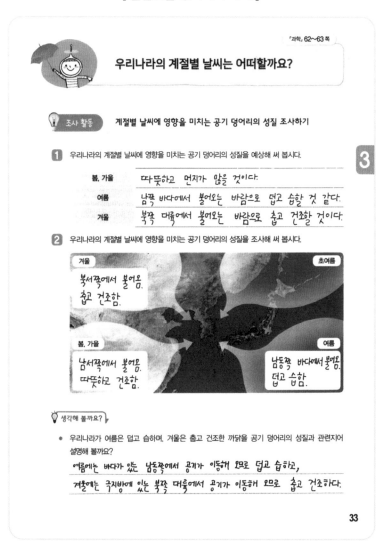

스스로 공부 제대로 점검법

강의 영상
바로가기

공부 제대로 하는 비법, 잘 익혔지?

이번에는 공부를 끝내고 나서 제대로 점검하는 법을 알려 줄게. 공부를 끝내면 얼른 부모님에게 검사 맡으러 가고 싶겠지만 잠깐만 참아. 주인이 자꾸 옆집 사람, 앞집 사람한테 검사 맡으러 다니면 못 쓰는 법. 이제는 점검도 네가 스스로 하는 거야.

오해가 있을까 봐 미리 말해 둘게. 점검은 채점과 달라. 공부하고 나면 맞았는지 틀렸는지 채점을 하잖아? 그건 정답을 확인하고 점수를 매기는 과정이고, 진짜 공부 4단계에서 말하는 점검은 네가 세운 계획대로 제대로 공부했는지, 실천했는지, 채점 및 확인 과정까지 잘 마무리 지었는지, 오늘 세운 공부 계획에서 잘한 점이나 칭찬할 점은 없는지를 마지막으로 살피는 일이야. 진짜 주인은 마무리까지 확실하게 하는 법이지.

지금 네 공부를 네가 얼마나 스스로 점검하고 있는지 확인하는 법을 알려 줄게.

넌 지금 이 단계 중 어디쯤 와 있니? 단계가 높을수록 공부의 고수야. 너도 차츰 고수가 되기 위해 노력해 봐.

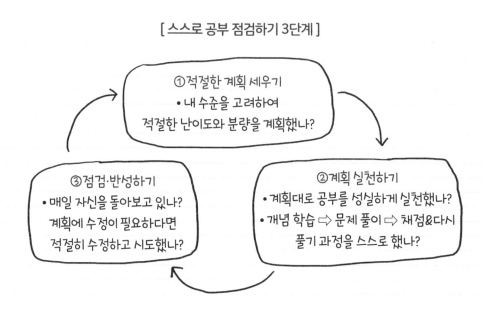

[스스로 공부 점검하기 3단계]

1단계는 오늘 공부할 과목과 분량에 대한 계획을 스스로 세우는 거야. 2단계는 혼자 할 수 있는 과목은 처음부터 끝까지 스스로 하는 거야. 문제집에서 푼 문제를 채점하고, 틀린 문제는 다시 풀기까지 스스로 마무리하는 거지. 3단계는 하루 공부를 끝내면 오늘 세운 계획대로 잘 실천했는지 점검하고, 내일 공부 계획을 세워 놓은 뒤 잠자리에 드는 거야.

스스로 공부를 처음부터 잘하는 사람은 없지만, 매일 반복하는 사람은 무조건 실력이 팍팍 늘 거야! 이제 막 진짜 공부를 시작해서 서툴고 낯설겠지만 이런 과정 없이 내 공부의 진짜 주인이 될 수 없다는 걸 기억하고, 될 때까지 노력해 보자!

[스스로 공부 점검표]

단계	내용	✓
1	• 공부하는 내내 부모님께서 옆에 함께 있어 주신다. • 문제집을 풀면 부모님께서 채점해 주신다. • 식탁이나 거실 책상 등에서 부모님과 함께 앉아 공부한다.	
2	• 나 혼자 해 보고 싶은 공부가 생겼다. • 일기 쓰기나 연산과 같이 매일 하는 간단한 과제는 혼자 힘으로 해결한다. • 혼자 해결한 과제를 마치면 부모님께 간단한 점검을 받는다. • 그날 기분이나 상황에 따라 거실과 공부방을 오가며 공부한다.	
3	• 부모님이 바쁘거나 편찮으신 날, 동생 때문에 바쁜 날에는 내 공부를 챙기며 혼자 힘으로 마친다. • 내 방에 혼자 들어가서 공부나 과제를 마치고 나오는 횟수가 늘어난다. • 부모님께서 매일 공부한 것을 점검해 주시지만 어쩌다 점검하지 못하는 날이라 해도 스스로 마무리한다.	
4	• 해야 할 공부의 순서를 정할 수 있으며, 혼자 힘으로 해결하려고 노력하고(해결되지 않으면 질문하고) 마무리 짓는다. • 공부를 마치면 그날 공부한 걸 모아 한꺼번에 부모님께 점검받는다. • 점검 간격이 매일이었다가 이틀이나 사흘로 벌어져도 차이 없이 잘한다. • 푼 문제집은 스스로 채점하고 틀린 문제를 점검하는 것까지 할 수 있다.	
5	• 과목별로 점검하지 않고 '오늘 할 공부'를 다 했는지 묻는 것만으로 부모님의 공부 점검이 끝난다. 주말에 한 번 정도 점검하는 것으로도 충분하다. • 공부는 온전히 공부방에서 하고, 다 마치고 나와 "공부가 끝났다."라고 말한다. • 계획한 분량을 마치고 나서 뿌듯해하며 내일, 다음 주 등의 공부 계획을 세운다.	

2부

배움공책 쓰는 법

아는 것과
표현하는 건 달라!

강의 영상
바로가기

'배움공책'이라는 말은 들어 봤을 거고, 아마 써 본 적도 있을 거야. 하지만 솔직히 말해서 이 귀찮은 걸 굳이 왜 써야 하는지 정말 이해가 안 되지? 왜 해야 하는지 이해되지 않는 일을 그저 열심히 하는 것만큼 미련한 일은 없어. 우리 그러지 말자. 제대로 알고 시작해 보자고!

우리는 매일 학교 수업, 학원 수업, 온라인 수업에서 넘치도록 많은 내용을 배워. 하지만 배운 내용을 모두 잘 알고 있다고 자신 있게 말하긴 어려울 거야. 수업은 들었지만 확실히 아는 건 아닌 상태지. 음식도 먹고 소화한 다음에 먹어야 탈 나지 않고 맛있게 먹을 수 있는 것처럼 수업 시간에 듣고 이해한 핵심 내용도 완전히 내 것으로 소화하는 과정이 필요해. 그 과정이 배움공책이야.

배움공책의 핵심은 간단해.

첫째, 수업 시간에 배운 내용을 제대로 알고 있는지, 대충 알고 넘어간 건지를 내가 스스로 확인하는 거야. 공부는 말이야, 내가 제대로 알고 있는 것과 모르는 것을 확인하는 데에서 시작되는 거야. 뭘 알고, 뭘 모르는지를 구분할 수 있어야 모르는 것을 알기 위해 노력할 수 있거든. 이미 잘 아는 내용을 계속 반복하는 공부는 어리석고 의미 없는 공부야. 그건 제대로 하는 게 아니라 그냥 열심히 하는 것일 뿐, 결과는 장담하기 어려운 헛수고인 셈이지.

둘째, 배운 내용 중에서 핵심이 무엇인지를 찾아내는 중요한 과정이야. 교과서에 나온 모든 내용이 똑같은 정도로 중요한 건 아니야. 가장 중요한 것과 덜 중요한 것을 구분할 수 있어야 진짜 공부야. 배움공책을 정리하기 위해서는 교과서를 읽고 중요한 내용을 찾아 밑줄을 긋는 과정이 필수인데, 바로 이 과정을 통해 배운 내용 중 핵심을 찾게 되는 거야.

셋째, 핵심 내용을 체계적으로 정리해 보는 경험을 하게 될 거야. 교과서 속 중요한 내용을 확인하고 그 내용을 나만의 논리적인 방식으로 정리할 수 있다면 중·고등학교 공부는 걱정할 게 없지! 물론 배움공책 정리를 시작하는 지금 당장 체계적이고 논리적인 내용 정리를 기대하긴 어렵지만, 그렇게 하기 위해 생각하고 고민하는 과정 자체는 매우 훌륭한 공부의 과정이고 경험이야. 곧 익숙해져서 제대로 요약정리하게 될 거고.

이게 진짜 공부야.
우리, 좀, 제대로 하자!

배움공책을 쓰는
정확하고 간단한 단계별 방법

강의 영상
바로가기

배움공책 쓰기는 오늘 수업 시간에 듣고 배운 교과서 내용을 다시 한 번 떠올려 보고 나만의 말, 글, 그림, 표 등으로 정리하고 요약하는 과정이야. 교과서 핵심 내용을 복습하여 제대로 익히는 과정이지. 배운 내용을 익히지 않은 채로 넘어가면 금세 흐릿해지고 사라져 버려. 애써 배웠는데 사라져 버리면 너무 아깝잖아. 그래서 꼭 그날 배운 내용은 말과 글로 정확하게 표현하는 연습을 하라고 하는 거야. 막상 말하고 써 보면 어렴풋하게 알던 내용이 명확하게 정리되는 느낌이 들거야. 진짜 공부가 시작되는 거지.

배움공책을 정리하는 방법은 다양해. 같은 교실에 앉아 같은 선생님께 같은 내용의 수업을 들었지만 누가 어떻게 정리했느냐에 따라 그 결과물이 개성 있게 달라질 수 있어. 표로 정리하는 게 쉽고 효과적인 친구라면 표로, 마인드맵이 익숙하고 좋은 친구라면 마인드맵으로 정리하면 돼. 하지만 어떤 형식으로 정리하든 핵심이라고 생각되는 부분을 찾아 빠짐없이 정리하는 건 다르지 않아.

온라인 수업이든 교실 수업이든 수업을 마치고 나면 미루지 말고 간단하게라도 좋으니 배움공책에 정리해 봐. 조금이라도 더 정확한 기억이 있을 때 정리하면 훨씬 쉽게 끝낼 수 있거든.

매일 모든 과목을 쓰기 어렵다면 일주일에 세 번만 써도 좋고, 사회와 과학처럼 개념 이해와 암기가 필수인 과목부터 시작하는 것도 좋은 방법이야. 국어, 수학, 사회, 과학은 시간과 정성을 들여 핵심 개념을 정리하고(특히, 사회와 과학) 음악, 체육, 미술, 실과, 영어, 도덕은 꼭 기억해야 할 용어(예: 수채화, 단조, 장조, 유연성)가 새롭게 등장하는 경우에만 간략하게 한두 줄로 정리하면 충분해. 모든 과목을 매일 해야 하는 건 아니니까 너무 부담 갖지 않기를!

아, 그리고 중요한 게 한 가지가 더 있어. 안타깝게도 배움공책을 쓰면서 배운 내용을 떠올리고 머릿속으로 정리하기보다는 더 예쁜 글씨와 더 다양한 색으로 공책을 채우는 데 열중하는 친구들이 있어. 중요한 건 '얼마나 예쁘게 썼느냐'가 아니고, '얼마나 핵심을 잘 정리했느냐'라는 사실, 잊지 마!

자, 그럼 배움공책 쓰는 순서를 알려 줄게.

배움공책에 반드시 담겨야 하는 내용은 날짜, 과목, 단원명, 핵심 개념이야. 날짜와 과목을 쓴 다음에 다음 순서를 따라 해 보면 의외로 간단해.

① 교과서 본문 읽기(오늘 배운 곳)

⌄

② 교과서 속 중요 개념 확인하기(밑줄 긋기)

③ 밑줄 그은 내용 이해하고 암기하기

④ 암기한 내용을 말로 설명하기

⑤ 말로 설명한 내용을 공책에 정리하기(유형 정하기)

뭐야, 이게 전부야? 생각보다 훨씬 간단하지?

예를 들어 볼게. 사회 교과서에서 '민주주의'라는 개념을 배운 날이라면 배운 날짜, 과목(사회), '민주주의'라는 단어의 사전적 의미와 개념을 정리해야 한다는 거야. 그게 오늘 배운 교과서 내용 중 가장 핵심이니까.

① 일단 읽어. ② 그리고 중요한 곳에 밑줄 쫙~! ③ 밑줄 그은 내용을 이해하고 외우는 거야. ④ 외운 내용을 말로 한번 정리해보고, ⑤ 말로 설명한 그 내용을 공책에 적으면 끝! 어때, 할 만하지?

떡볶이를 주문할 때 어떤 맛을 주로 고르니? 순한 맛? 매운맛?

같은 떡으로 만든 떡볶이도 맵기에 따라 조금씩 다른 맛이 나고, 사람마다 취향에 따라 원하는 맛이 다르듯, 배움공책도 난이도에 따라 세 가지 맛으로 나눌 수 있어. 순한 맛부터 차근차근 올라가면 되니까 하나씩 단계별로 도전해 보자.

교과서 소리 내어 읽고 한 문장 말하기

오늘 학교에서 배운 교과서 내용을 소리 내어 읽으면서 수업 시간에 배운 내용을 떠올려 보는 거야. 잊고 있었더라도 교과서를 다시 읽으면서 떠올려 보면 배운 내용이 다시 기억나고, 몰랐거나 헷갈렸던 내용을 바로잡을 수도 있어서 도움이 되지.

그러고 나서 오늘 읽은 교과서 내용이나 관련된 생각을 부모님, 가족, 동생에게 딱 한 문장으로 말해 보자고! 내가 선생님이 되어 설명해 준다는 느낌으로 말이지. 온 가족이 학생 역할을 하며 선생님의 수업에 집중해 줄 거야.

교과서를 읽고 기억나는 내용을 말로 설명하기

교과서를 읽고 나서 덮은 후 방금 읽은 내용을 가족에게 말로 설명해 보는 방법이야. 처음에는 기억나는 모든 내용을 말해도 괜찮아. 하지만 그중 중요하다고 생각하는 핵심 내용을 한두 가지 정도 골라서 설명하도록 조금씩 노력해 봐. 여러 번 반복하다 보면 가장 중요한 내용을 골라내는 눈이 생기고 머릿속 지식과 생각을 상대방에게 조리 있게 말하는 능력도 생길 거야. 가족이 집에 없다면 강아지 인형에게 설명해 주는 선생님이 되어 보는 것도 재미있고!

또 이렇게 설명을 마치고 나면 가장 기억에 남는 한 가지 또는 그것에 관한 내 생각을 두세 줄 정도로 짧게 공책에 적어 보는 거야. 이런 쓰기 연습은 매운

맛에 도전하는 좋은 방법이란다.

배운 내용을 기억하여 공책에 정리하기

교과서 내용을 정리해서 말로 표현하는 데 익숙해졌다면 이번에는 글로 표현해 볼까? 드디어 본격적인 배움공책 정리가 시작되는 거야. 이때, 머릿속에 담긴 많은 내용 중 핵심만 추리는 연습을 해 봐. 생각나는 것을 모두 쓰기보다 중요하다고 생각되는 점만 요약하면서 또 한 번 되새기는 거지. 그래서 배움공책 쓰기는 그 자체로 서술형 평가를 대비하는 훌륭한 공부가 되기도 해.

이때 모든 내용을 반드시 줄글로만 표현할 필요는 없어. 핵심 개념과 특징이 잘 표현되기만 한다면 글, 그림, 도표, 마인드맵 모두 좋아. 여러 방법으로 정리해 보면서 가장 편하게 느껴지고 쓰기 편한 방법으로 정착하면 되는 거야.

교과서 내용에 따라 다르게 정리할 수 있어!

강의 영상
바로가기

말로 설명한 내용을 공책에 정리할 때 막막한 기분이 들 수 있어. 원래 글로 표현한다는 게 쉬운 일이 아니거든. 그래서 그 방법을 콕 찍어 알려 주려고 해. 네 가지 유형 중 한 가지를 골라 그대로 따라 해 봐. 할 만하다는 사실을 곧 깨닫게 될 거야.

배움공책은 사실 뻔해. 전혀 복잡할 게 없어. 처음 한 번만 방법을 제대로 알아 두면 그게 전부야. 유형이 많지 않아서 몇 가지 유형만 알면 되거든. 마치, 자전거 타는 법을 익히는 데 한참 걸리지만 한번 배우고 나면 결코 잊지 않는 것처럼 말이야. 그러니까 배울 때 잘 배워서 두고두고 써먹자고!

배움공책의 네 가지 유형을 알아 볼 건데, 그 전에 당부하고 싶은 말이 있어. 배움공책을 오해하면 안 돼. 가끔 배움공책을 수업 기록장으로 오해하는 바람에 "오늘은 민주주의를 배웠다. 정말 재미있었다."라고 쓰는 경우가 있는데, 노노노!

그건 배움공책이 아니야. 오늘 수업에 관한 기록일 뿐이지. 그건 그다지 의미 없는 글씨 연습이니까 그렇게 쓰지 않도록 주의하자.

배움공책을 쓸 때는 ① 새롭게 알게 된 개념의 의미를 정리하는 유형, ② 두 가지 이상의 개념을 비교·대조하여 정리하는 유형, ③ 여러 가지 개념을 시간이나 순서에 따라 정리하는 유형, ④ 핵심 문제 풀이 과정을 정리하는 유형 중 한 가지를 선택해서 해 보는 거야. 반드시 한 가지만 선택해야 하는 건 아니고, 내용에 따라 필요하다면 두세 가지 유형을 모두 활용해도 좋아. 각각의 유형에 대해 우리 한 번 자세히 살펴볼까?

유형 1. 핵심 개념 정리하기

모르는 용어, 개념, 정의를 조사하여 간단하게 정리하면 돼.

예 교과서에 등장하는 새로운 용어, 정의, 수학 공식 등

인권을 존중하는 삶
　인권 : 사람이기 때문에 당연히 누리는 권리
　　　→ 모든 사람은 태어나면서부터 인간답게 살 권리가 있으며
　　　　어떤 이유로도 인간답게 살 권리를 침해당해서는 안 됨.

두 가지 이상을 비교하여 공통점과 차이점을 찾는 거야.

예 과학 : 산소 발생 실험과 이산화탄소 발생 실험의 공통점과 차이점 찾기

사회 : 농촌과 산지촌과 어촌의 차이점을 비교하여 표로 정리하기

농촌 vs 산지촌 vs 어촌의 생활 모습

지역	생활 모습
농촌	• 곡식과 채소 등의 농사를 짓는다. • 과수원에서 여러 가지 과일을 생산한다. • 가축을 기른다.
산지촌	• 산나물이나 약초를 채취한다. • 고랭지 농사를 짓는다. • 가축을 기른다.
어촌	• 배를 타고 바다에 나가 고기를 잡는다. • 양식 어업이나 원양 어업에 종사하기도 한다.

 유형 3. 순서대로 정리하기

시간의 흐름이나 순서가 필요한 내용을 순서대로 정리하는 거야.

예 우리나라의 경제 발전 과정, 탐구 과정 순서 등

4·19 혁명 과정

① 3·15 부정선거를 앞두고 이승만 정부에 항의. 대구 학생 시위

⇨ ② 마산에서 3·15 부정선거 비판 시위 ⇨ ③ 4월 19일 전국 시위

⇨ ④ 대학교수들이 학생 지지 ⇨ ⑤ 이승만 대통령 물러남 ⇨ ⑥ 재선거, 새 정부

 유형 4. 핵심 문제 유형 풀이 과정 정리하기

새롭게 등장한 문제 유형을 적고, 풀이 과정을 순서대로 적어 보는 거야. 수학 배움공책을 쓸 때 자주 쓰는 유형이야.

세 자리 수에 두 자리 수를 곱하는 두 가지 방법 (287×24)

1. 287×20의 결과와 287×4의 결과를 더한다.

  287×20 = 5,740 287×4 = 1,148

  5,740 + 1,148 = 6,888

2. 287×24를 세로 셈으로 계산한다.

287×20	287×4		287×24		287×24
287	287		287		287
× 20	× 4	⇨	× 24	⇨	× 24
5740	1148	→	1148		1148
		→	5740		574
			6888		6888

예를 들어서 설명해 볼게. 만약 네가 오늘 국어 시간에 표준어와 사투리에 관해 배웠다면 배움공책에 "오늘은 표준어와 사투리의 차이를 배웠다. 어렵지만 재미있었다."라고만 쓰면 안 되는 거야. 먼저 유형 1의 방법을 활용해서 표준어와 사투리의 개념을 각각 정리해야지. 그다음엔 유형 2의 방법으로 이 두 가지(표준어와 사투리)의 공통점과 차이점을 비교하여 정리하는 거야. 이 내용에는 순서가 중요하지 않기 때문에 유형 3은 활용할 필요가 없겠지?

이처럼 배움공책을 쓸 때는 어느 한 가지 유형만으로 써야 한다거나, 네 가지 유형을 모두 써야 하는 건 아니야. 오늘 정리할 교과서의 내용을 읽어 보면서 네 가지 유형 중 어떤 유형이 가장 잘 어울릴지를 생각해야 해. 처음엔 선택하기 어렵고 망설여질 수 있어. 그럴 땐 기억해. 처음부터 완벽하기는 어렵다는 것과 배움공책 쓰기를 지속하다 보면 어느 사이엔가 꼭 맞는 유형을 쉽게 찾아낼 거라는 사실을 말이야.

또 한 가지 안심이 되는 이야기를 해 줄게. 너무 많이 쓸 필요는 없어. 배움공책 초기에는 분량을 정하지 말고 쓸 수 있는 만큼만 써도 괜찮아. 많이 쓰는 것보다 중요한 건 꾸준히 쓰는 거니까. 매일 조금이라도 꾸준히 쓰다 보면 내용도 수준도 양도 자연스럽게 발전하게 될 거야. 그때까지 멈추지 말고 한발 한발 함께 가 보자고!

지금까지 배움공책 쓰는 법을 설명했지만 백문이 불여일견인 법! (백문불여일견百聞不如一見, 백 번 듣는 것이 한 번 보는 것보다 못하다는 뜻으로, 직접 경험해야 확실히 알 수 있다는 말)

3부부터는 학년별·과목별로 초등 친구들이 직접 정리한 배움공책의 예시를 보여 줄게. '아, 이런 내용은 이렇게 정리할 수 있구나!'라고 배워 가면서 비슷하게 따라 해 봐. 처음부터 잘 쓰는 사람이 어디 있겠어? 비슷하게 따라 하다 보면 점점 혼자서도 할 수 있게 되니까, 주저 말고 가 보자고!

제시된 교과서의 내용을 아무리 읽어 봐도 어떤 내용이 핵심인지 알쏭달쏭하다면 옆에 적힌 질문을 참고하면 되니까 걱정하지 마. 교과서를 읽으면서 질문의 답을 찾아 밑줄을 긋고 그 내용을 정리하다 보면 어느새 배움공책이 완성되어 있을 거니까.

또, 기억할 점이 하나 있는데 배움공책 정리에 정답은 없다는 거야. 교과서 내용 중 핵심 개념이 잘 담겨 있기만 하다면 몇 번째 유형이든, 몇 줄을 썼든, 표현방식이 무엇이든 다 괜찮아. 혼자 시작하기 힘든 친구들을 위해 예시를 보여 주는 거니까, 예시와 똑같이 쓰려고 애쓰기보다는 교과서 내용 속 핵심을 정확하게 찾아내기 위해 노력하길 바라! 자, 그럼 3부로 넘어가 볼까?

3부

배움공책 써 보기

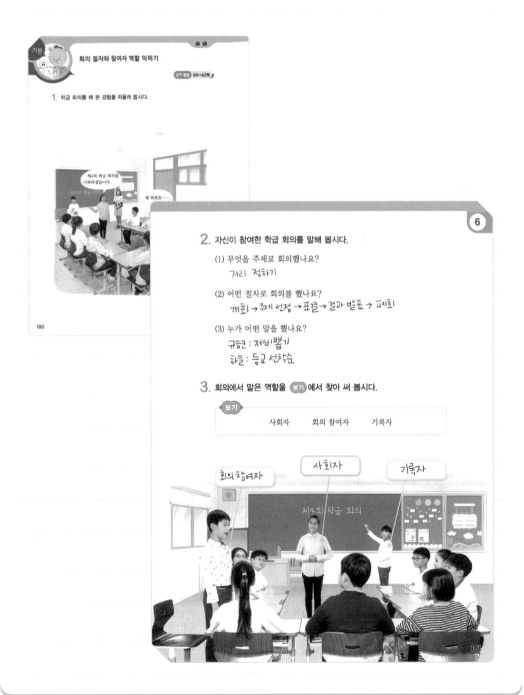

국어

'4학년 1학기 6단원 회의를 해요(180~181쪽)'를 읽으면서 수업할 때 장면을 떠올려 봐.

핵심 찾는 질문 3가지

1. 회의의 절차는?

2. 회의의 각 절차에 관해 간단하게 설명해 줄래?

3. 회의 참가자는 누구고 이들은 각각 어떤 역할을 하니?

이렇게 정리할 수 있어

날짜	2021년 9월 22일 수요일
과목/내용	국어 / 회의 절차와 참여자 역할 익히기 / 유형 (개념 정리)
핵심 내용	[회의 절차] ① 개회 : 회의 시작을 알린다. ② 주제 선정 : 회의에서 이야기할 주제를 선정한다. ③ 주제 토의 : 선정한 주제에 맞는 의견을 제시한다. ④ 표결 : 투표를 통해 의견을 결정한다. ⑤ 결과 발표 : 결정한 의견을 발표한다. ⑥ 폐회 : 회의 마침을 알린다. [회의 참가자의 역할] • 사회자 : 회의 절차를 안내한다. 회의를 진행한다. • 회의 참여자 : 의견을 발표한다. 질문하거나 답변한다.
궁금한 점, 나의 생각	회의에 사회자는 반드시 필요한 걸까? 투표를 통해 의견을 결정하는 과정을 '표결'이라고 하는구나.

배움공책 연습하기 2

국어

'4학년 1학기 8단원 이런 제안 어때요(235~236쪽)'를 읽어 볼까? 교과서 내용 중에서 가장 중요하다고 생각되는 핵심을 찾아 밑줄을 그어 봐.

기본

제안하는 글을 쓰는 방법 알기

8

국어 활동 80~82쪽

1. 깨끗한 물의 소중함을 생각하며 「1리터의 생명」을 보고 물음에 답해 봅시다.

「1리터의 생명」 영상

(1) 아이는 어떤 어려움을 겪고 있나요?
깨끗한 물을 먹지 못한다.

(2) "당신의 1리터를 나누어 주세요."라는 말은 무슨 뜻인가요?
어려운 지역의 아이들이 깨끗한 물을
먹을 수 있도록 지원해 주세요.

(3) 광고를 보고 어떤 생각이 드나요? 나에게는 별 것 아니지만
누군가에겐 너무나 절실할 수도 있다. 돕고 싶다

2. 제안하는 글을 쓰는 방법을 말해 봅시다.

(1) 제안하는 글에 들어가야 할 내용은 무엇인가요?
문제 상황, 제안하는 내용 (이유)

(2) 제안하는 글을 쓰는 과정을 말해 보세요.

> 문제 상황 확인하기
>
> ↓
>
> 제안하는 내용 정하기
>
> ↓
>
> 제안하는 까닭(이유) 파악하기
>
> ↓
>
> 제안하는 글 쓰기

(3) 제안하는 글을 쓸 때 생각할 점은 무엇인가요?

제안하는 글을
읽을 사람이 누구인지
생각해야 해.

제안의 적절성,
실천 가능성을
생각해야 해.

날짜	년 월 일 요일
과목/내용	/ / 유형 ( )

핵심 내용

**궁금한 점,
나의 생각**

국어

'6학년 2학기 6단원 정보와 표현 판단하기(252~253쪽)'를 읽어 볼까?

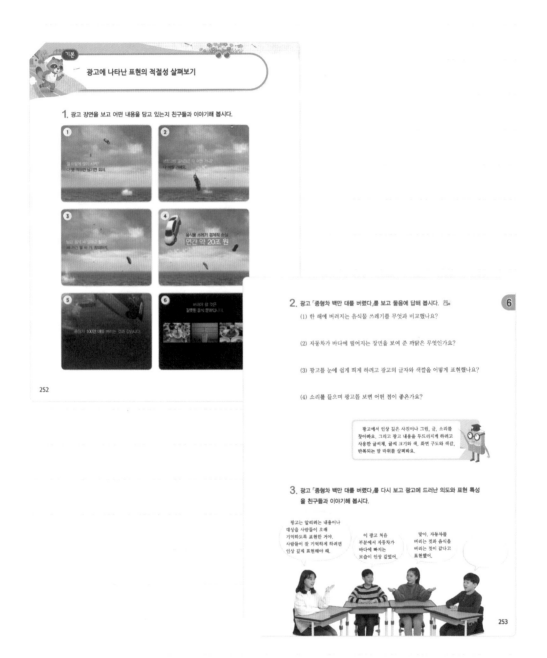

 핵심 찾는 질문 2가지

1. 광고의 목적은 무엇일까?

2. 교과서에 나오는 이 광고에는 어떤 특징이 있을까?

 이렇게 정리할 수 있어

날짜	2021년 10월 11일 목요일 3교시
과목/내용	국어 / 광고의 특징 / 유형 (개념 정리)
핵심 내용	[광고의 목적] 광고하는 대상을 세상에 널리 알리는 것 [교과서 속 광고의 특징] • 실생활에서 나눌 법한 대화문을 제시함. • 한 해에 버려지는 음식물 쓰레기를 중형차 10만 대와 비교함. • 음식물 쓰레기가 버려지는 것을 차가 바다에 버려지는 것으로 표현함. • 음식물 쓰레기로 인한 경제적 손실을 금액으로 눈에 띄게 표현함. • 말하고자 하는 바를 단호하게 마지막에 제시함.
궁금한 점, 나의 생각	한 해에 버려지는 음식물 쓰레기가 이렇게 많을 줄이야. 광고를 보면서 정보를 얻기도 하는구나.

국어 '6학년 2학기 6단원 정보와 표현 판단하기(256~257쪽)'를 읽어 볼까? 광고 내용을 그대로 믿으면 어떤 문제점이 생길까? 과장 광고와 허위 광고는 어떻게 다를까?

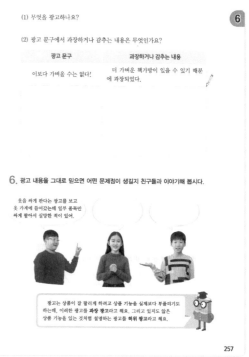

| 날짜 | 년   월   일   요일 |
| 과목/내용 | /   / 유형 (   ) |

핵심 내용

궁금한 점,
나의 생각

수학

'4학년 1학기 3단원 곱셈과 나눗셈(64~65쪽)'을 읽고 문제를 풀어 봐. 두 가지 계산 방식의 차이도 눈여겨보면 좋아.

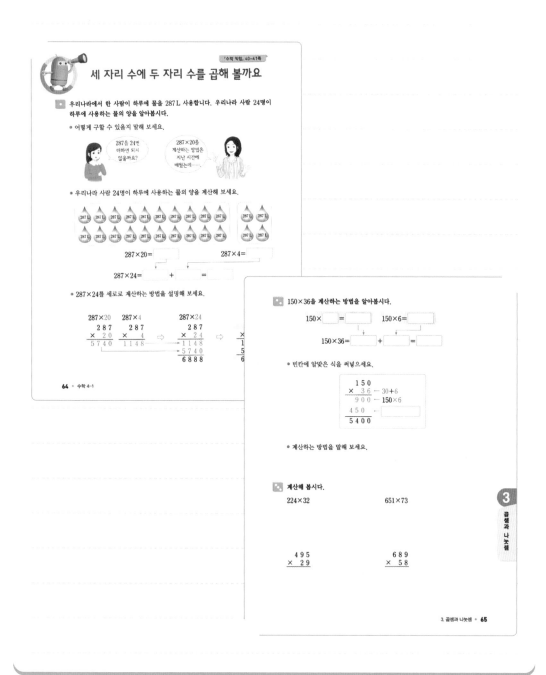

핵심 찾는 질문 2가지

1. 287×24를 두 개의 식으로 나누어 계산할 수 있을까?

2. 287×24를 세로 셈으로 계산한다면 어떻게 계산할 수 있을까?

이렇게 정리할 수 있어

날짜	2021년 9월 22일 수요일 2교시
과목/내용	수학 / 세 자리 수에 두 자리 수 곱하기 / 유형 (유형별 풀이 과정 정리)
핵심 내용	세 자리 수에 두 자리 수를 곱하는 두 가지 방법(287×24) 1. 287×20의 결과와 287×4의 결과를 더한다. 287×20 = 5,740 287×4 = 1,148 5,740 + 1,148 = 6,888 2. 287×24를 세로 셈으로 계산한다. 287×20 287 × 20 5740 287×4 287 × 4 1148 ⇨ 287×24 287 × 24 1148 5740 6888 ⇨ 287×24 287 × 24 1148 574 6888
궁금한 점, 나의 생각	두 가지 방법 말고 또 다른 방법은 없을까? 나는 둘 중에서 세로 셈으로 계산하는 방법이 더 편하게 느껴졌다.

수학

'4학년 1학기 3단원 곱셈과 나눗셈(74~75쪽)'을 읽고 문제를 풀어 볼까? 처음 나오는 문제와 헷갈리는 문제 중 1개를 선택해서 공책에 풀이하면 끝!

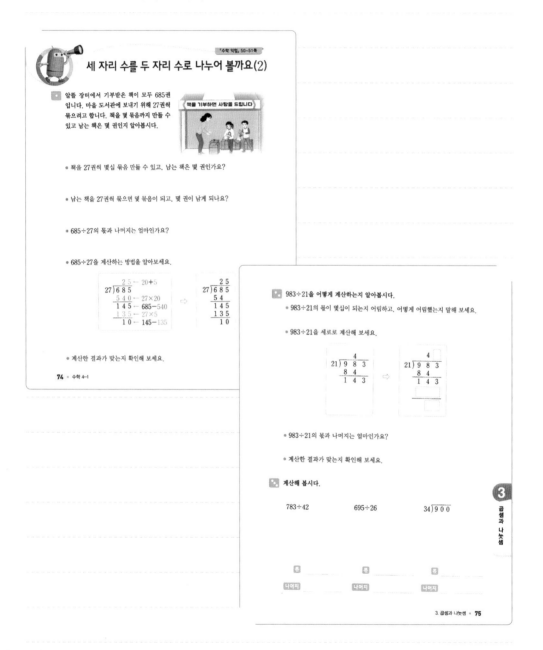

날짜	년 월 일 요일
과목/내용	/ / 유형 ( )

핵심 내용	

궁금한 점, 나의 생각	

수학

'5학년 2학기 1단원 수의 범위와 어림하기(20~21쪽)'를 읽고 문 제를 풀어 볼까? 초록 상자에 담긴 반올림의 뜻을 다시 한 번 읽 어 보면 좋아.

핵심 찾는 질문 3가지

1. 반올림의 뜻은 무엇일까?

2. 반올림해서 십의 자리까지 나타내는 방법은 무엇일까?

3. 반올림해서 백의 자리까지 나타내는 방법은 무엇일까?

 이렇게 정리할 수 있어

날짜	2021년 9월 2일 목요일
과목/내용	수학 / 반올림하여 나타내기 / 유형 (개념 정리)
핵심 내용	[반올림] 구하려는 자리 바로 아래 자리의 숫자가 0, 1, 2, 3, 4면 버리고, 5, 6, 7, 8, 9면 올려서 나타내는 방법 반올림해서 십의 자리까지 나타내기 4282 => 4280 반올림해서 백의 자리까지 나타내기 4282 => 4300 [문제 풀이] 걷기 운동에 참여한 학생 216명 반올림해서 십의 자리까지 나타내기 : 216명 ⇨ 220명 　　　　　　　　　　　　　　일의 자리 6에서 반올림 반올림해서 백의 자리까지 나타내기 : 216명 ⇨ 200명 　　　　　　　　　　　　　　십의 자리 1에서 반올림
궁금한 점, 나의 생각	실생활에서 반올림이 꼭 필요한 경우는 언제일까? 천의 자리까지 나타내려면 백의 자리에서 반올림하면 되겠구나.

수학 '5학년 2학기 3단원 합동과 대칭(58~59쪽)'을 읽고 문제를 풀어 볼까? 교과서 내용 중에서 가장 중요하다고 생각되는 핵심을 찾 아 밑줄을 그어 봐.

날짜	년 월 일 요일
과목/내용	/ / 유형 ( )

핵심 내용

**궁금한 점,
나의 생각**

수학

'6학년 1학기 4단원 비와 비율(76~77쪽)'을 읽고 문제를 풀어 볼 까? 교과서 내용 중에서 가장 중요하다고 생각되는 핵심을 찾아 밑줄을 그어 봐.

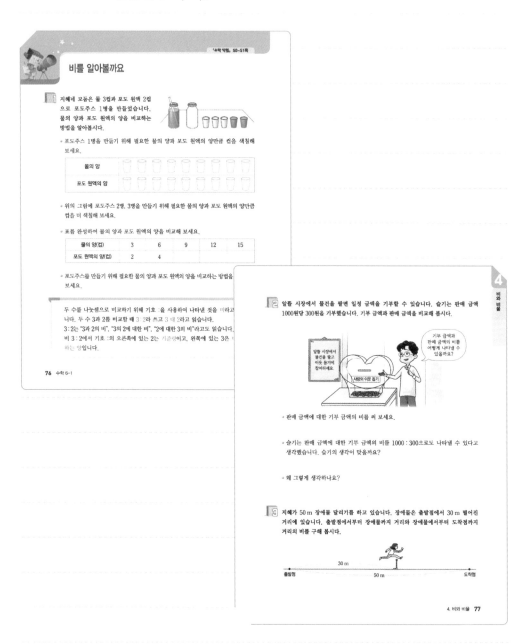

 핵심 찾는 질문 3가지

1. '비'의 뜻은 무엇일까?

2. '3:2'에서 비교하는 양과 기준 양은 각각 어떤 숫자를 가리킬까?

3. '3:2'를 읽는 방법에는 어떤 것들이 있을까?

 이렇게 정리할 수 있어

날짜	2021년 3월 11일 목요일 3교시
과목/내용	수학 / 비 알아보기 / 유형 (개념 정리)
핵심 내용	[비] 두 수를 나눗셈으로 비교하기 위해 기호 ':' 를 사용하여 나타냄. 3 : 2 (비교하는 양) : (기준량) 두 수 3과 2를 비교할 때 '3 : 2'를 읽는 방법 ① 3 대 2 ② 3과 2의 비 ③ 3의 2에 대한 비 ④ 2에 대한 3의 비
궁금한 점, 나의 생각	비라는 개념을 누가 처음 만들었을까? 비교하는 양과 기준량이 헷갈린다. 확실히 정리해 둬야지!

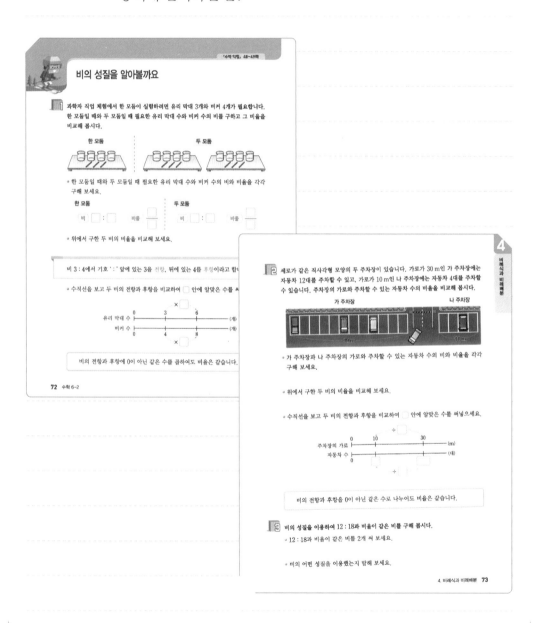

배움공책 연습하기 6

수학

'6학년 2학기 4단원 비례식과 비례배분(72~73쪽)'을 읽고 문제를 풀어 볼까? 초록 상자에 담긴 내용을 한 번 더 읽고 정리해 봐. 그런 다음 처음 나오는 문제와 헷갈리는 문제 중 1개를 선택해서 공책에 풀이하면 끝!

날짜	년 월 일 요일
과목/내용	/ / 유형 ( )
핵심 내용	
궁금한 점, 나의 생각	

사회

'4학년 2학기 1단원 촌락과 도시의 생활 모습(22~23쪽)'을 읽어 볼까? 내용에서 가장 중요해 보이는 곳을 찾아 밑줄을 그어 봐.

촌락과 도시의 공통점과 차이점을 알아봅시다

민준이네 반 친구들은 촌락과 도시의 공통점과 차이점을 찾아보기로 했습니다. 이를 위해 자연환경이 비슷한 촌락과 도시를 비교해 보기로 했습니다. 촌락과 도시의 공통점과 차이점을 알아보려면 어떤 점을 살펴봐야 할까요?

촌락과 도시의 공통점과 차이점을 알아보려면 어떤 점을 더 살펴봐야 하는지 생각해 봅시다.

22 · 1. 촌락과 도시의 생활 모습

민준이와 친구들은 우선 디지털 영상 지도를 이용하여 촌락과 도시를 비교해 보기로 했습니다.

▲ 전라남도 해남군

▲ 울산광역시

❶ 촌락과 도시의 특징 · 23

핵심 찾는 질문 3가지

1. 촌락과 도시의 공통점은?

2. 촌락과 도시의 차이점은?

3. 우리 동네는 촌락과 도시 중 어디에 속할까?

 **이렇게 정리할 수 있어**

날짜	2021년 9월 22일 수요일 2교시
과목/내용	사회 / 촌락과 도시의 공통점과 차이점 / 유형 (비교하기)
핵심 내용	비교할 내용 : 건물의 모습, 사람들이 하는 일, 교통, 사람들의 수 공통점 : • 사람들이 마을을 이루며 살고 있다. 　　　　• 학교와 마트가 있다. 　　　　• 각자의 일을 열심히 하며 산다. 차이점 : • 촌락에는 높은 건물이 적거나 없고, 도시에는 높은 건물이 많다. 　　　　• 촌락에는 어르신이 많고, 도시에는 젊은 사람이 많다. 　　　　• 촌락에서 하는 일은 주로 자연과 관련된 일이지만, 　　　　　도시에서 하는 일은 그 종류가 많고 다양하다.
궁금한 점, 나의 생각	촌락과 도시의 모습이 비슷한 부분도 있지만 많은 부분이 다르다는 것을 느낄 수 있었다. 우리 동네는 촌락+도시인 것 같다.

사회

'4학년 2학기 1단원 촌락과 도시의 생활 모습(38~41쪽)'을 읽어 볼까? 내용에서 가장 중요해 보이는 곳을 찾아 밑줄을 그어 봐.

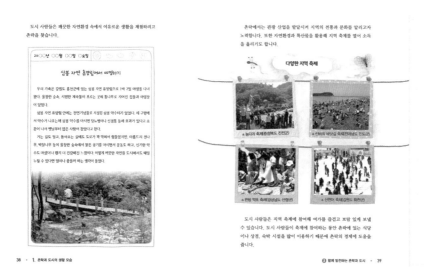

날짜	년 월 일 요일
과목/내용	/ / 유형 ( )

핵심 내용

**궁금한 점,
나의 생각**

사회

'5학년 1학기 2단원 (3)헌법과 인권 보장(130~132쪽)'을 읽어 볼까? 내용에서 가장 중요해 보이는 곳을 찾아 밑줄을 그어 봐.

헌법은 모든 국민이 존중받고 행복한 삶을 살아가는 데 필요한 내용을 담고 있다. 또한 헌법에는 대한민국 국민이 누려야 할 권리와 지켜야 할 의무가 나타나 있다. 그리고 국민의 권리를 보장하고자 국가 기관을 조직하고 운영하는 기본 원칙을 제시하고 있다.

국민의 권리를 헌법에 제시한 것은 국가가 함부로 국민의 권리를 침해할 수 없도록 하기 위해서이다. 헌법을 바탕으로 여러 법을 만들며, 그 법들은 헌법에 어긋나서는 안 된다.

헌법은 법 중에서 가장 기본이 되는 법으로 우리나라 최고의 법이다. 헌법은 국가를 운영하는 데 가장 중요하고 기본적인 내용을 담고 있으므로 헌법의 내용을 새로 정하거나 고칠 때는 국민 투표를 해야 한다.

 핵심 찾는 질문 3가지

1. 제헌절은 며칠이고 무슨 날일까?

2. 헌법이 무엇인지, 헌법에는 어떤 특징이 있는지 알고 있니?

3. 국민 투표는 무슨 뜻이니?

이렇게 정리할 수 있어

날짜	2021년 6월 24일 목요일
과목/내용	사회 / 헌법과 인권 보장 / 유형 (개념 정리)
핵심 내용	제헌절 : 1948년 7월 17일 　　대한민국 헌법을 제정, 공포한 것을 기념하는 국경일 헌법 : 최고의 법, 가장 기본이 되는 법 헌법의 특징 : • 대한민국 국민의 권리와 의무가 나타나 있음. 　　• 국가 기관을 조직하고 운영하는 기본 원칙을 제시함. 　　• 헌법을 바탕으로 여러 법을 만들며, 그 법들은 헌법에 　　어긋나서는 안 됨. 　　• 헌법을 새로 정하거나 고칠 때는 국민 투표를 해야 함. 국민 투표 : 헌법 개정안이나 국가 안위에 관한 중대 정책 따위를 결정할 　　때 일반 국민의 전체 의사를 물어보기 위하여 실시하는 투표
궁금한 점, 나의 생각	우리나라 헌법이 국민 투표를 통해 개정된 적이 있었나? 만약 다른 법이 헌법에 어긋나면 어떤 법을 따라야 할까?

사회

'5학년 2학기 2단원 (2)일제의 침략과 광복을 위한 노력(120~121쪽)'을 읽어 볼까? 내용에서 가장 중요해 보이는 곳을 찾아 밑줄을 그어 봐.

한국인들이 고국을 떠난 까닭을 알아봅시다

대한 제국의 국권을 강제로 빼앗은 일제는 한국인들을 지배하고자 조선 총독부라는 통치 기구를 만들었다. 그리고 군대 안 경찰인 헌병들에게 경찰의 임무를 주어 한국인들을 감시하게 하고 독립운동을 탄압하기 시작했다.

조선 총독부는 토지의 소유자를 확인한다는 명분으로 토지 조사 사업을 시행했다. 이 사업으로 어떤 농민들은 땅을 잃기도 했다. 일제는 토지 소유자들에게 세금을 더 많이 거둬들여 한국인을 억압하는 데 사용했다.

⊙ 일장기가 걸린 경복궁 근정전

⊙ 토지 조사 사업
일제가 우리나라의 토지를 빼앗으려고 벌인 대규모 토지 조사.

토지 조사 사업

토지를 신고했는데 무슨 까닭으로 우리 땅이 아니라고 하는 것이오?

이 땅에서 나가시오. 조사 결과 이 땅은 당신 땅이 아닌 것으로 확인되었소.

농사를 계속 지으려면 우리가 정한 토지 사용료를 내시오.

대대로 농사짓던 땅인데, 어제 농사를 짓지 못하게 하느냐 말이오?

⊚ 나라를 잃은 한국인들은 어떤 고통을 겪었을까요?

120 • 2. 사회의 새로운 변화와 오늘날의 우리

일제의 탄압과 수탈이 계속되자 만주와 연해주 등 국외로 떠나는 사람들이 계속 늘어났다. 국내 활동이 어려워진 독립운동가들 역시 다른 나라로 건너가 활동을 이어 나갔다.

안창호는 일제가 우리나라를 강제로 빼앗기 전부터 한국인들의 실력 양성을 위해 노력했다. 그는 평양에 대성 학교를 세워 나라의 인재를 키워 냈으나 나라가 망할 것을 예상하고 신민회 간부들과 함께 중국으로 망명했다. 그는 미국으로 건너가 샌프란시스코에서 흥사단을 세워 한국인들의 실력을 양성하는 운동에 앞장섰다. 이회영은 만주에 신흥 강습소(후에 신흥 무관 학교로 바뀜)를 설립해 많은 독립운동가와 항일 독립군을 키워 냈다.

⊙ 안창호
민족의 실력을 양성하려고 노력한 독립운동가이다.

교과서 속으로

신흥 무관 학교에서는 무엇을 배웠을까

⊙ 신흥 무관 학교의 위치

이회영을 중심으로 설립된 신흥 강습소는 독립에 이바지할 군인을 길러 내려는 목적으로 세워진 학교이다. 이 학교는 후에 신흥 무관 학교로 재설립되었다.

신흥 무관 학교에서는 주로 군사 교육을 했으며 우리 역사와 국어, 지리도 가르쳤다.

⊙ 농사를 지으며 군사 훈련을 받던 신흥 무관 학교 학생들(신흥 무관 학교 100주년 기념사업회)

2 일제의 침략과 광복을 위한 노력 • 121

날짜	년 월 일 요일
과목/내용	/ / 유형 ( )

핵심 내용

**궁금한 점,
나의 생각**

배움공책 연습하기 5

사회

'6학년 1학기 1단원 (1)민주주의의 발전과 시민 참여(10~13쪽)'를 읽어 볼까? 내용에서 가장 중요해 보이는 곳을 찾아 밑줄을 그어 봐.

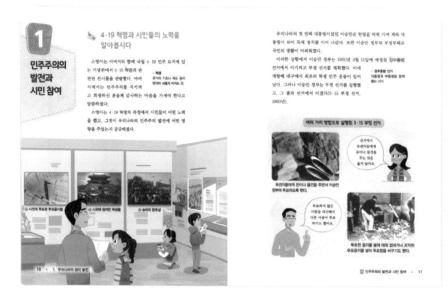

108

핵심 찾는 질문 3가지

1. '혁명'의 뜻은?

2. 4·19 혁명의 과정을 설명해 볼까?

3. 4·19 혁명의 결과, 국민들에게 어떤 변화가 일어났지?

 ## 이렇게 정리할 수 있어

날짜	2021년 3월 10일 수요일
과목/내용	사회 / 4·19혁명 / 유형 (시간 순서)
핵심 내용	혁명 : 국가의 기초나 제도 등이 완전히 새롭게 바뀌는 것 발생 과정 : ① 3·15 부정 선거를 앞두고 대구에서 학생 시위가 일어남. ⇨ ② 마산에서 3·15 부정 선거 비판 시위가 일어남. (많은 사람이 다치고 고등학생 김주열이 죽은 채로 발견됨) ⇨ ③ 4월 19일 전국에서 시민과 학생들 시위가 일어남. (전국으로 시위가 확대됨) ⇨ ④ 대학교수들이 학생 시위를 지지하며 정부에 항의함. ⇨ ⑤ 이승만 대통령 물러남. (3·15 부정 선거 무효) ⇨ ⑥ 국민들의 노력으로 재선거 실시 후 새 정부가 세워짐. 결과 : 4·19 혁명을 통해 국민들의 민주주의에 대한 관심이 높아짐.
궁금한 점, 나의 생각	나라의 잘못된 행동을 바로잡는 데 국민이 적극적으로 참여해야 바른 나라가 될 수 있다. 우리나라뿐 아니라 다른 나라에서 일어난 혁명도 알아봐야겠다.

사회

'6학년 1학기 1단원 (1)민주주의의 발전과 시민 참여(26~27쪽)' 를 읽어 볼까? 내용에서 가장 중요해 보이는 곳을 찾아 밑줄을 그어 봐.

🏛 6월 민주 항쟁 이후 민주화 과정을 알아봅시다

6월 민주 항쟁의 결과 6·29 민주화 선언이 발표되었고, 그에 따라 1987년 제13대 대통령 선거가 직선제로 시행되었다. 이것은 국민들이 선거로 대통령을 뽑았던 1971년 제7대 대통령 선거 이후 16년 만의 일로, 수많은 시민과 학생들이 군사 독재를 끝내고 민주화를 이루고자 노력한 결과였다. 대통령 직선제는 오늘날까지 계속 시행되고 있다.

▲ 제13대 대통령 선거 후보들의 홍보 현수막

▲ 제15대 대통령 선거 당시 투표하려고 투표소 앞에 줄 서 있는 시민들

▲ 제19대 대통령 선거 후보자 토론회

🔺 6월 민주 항쟁 이후 대통령 직선제로 선출된 역대 대통령과 지방 자치제의 시행 과정

지방 자치제는 1952년에 처음 시행되었다가 5·16 군사 정변 때 폐지되었고 이후 6·29 민주화 선언에 따라 다시 부활했다. 먼저 1991년에 지방 의회가 구성되었고, 1995년에 지방 의회 의원 선거와 함께 지방 자치 단체장 선거가 치러지면서 지방 자치제가 완전하게 자리 잡게 되었다.

지방 자치제는 지역의 주민이 직접 선출한 지방 의회 의원과 지방 자치 단체장이 그 지역의 일을 처리하는 제도이다. 지방 자치제를 실시해 주민들은 지역의 문제를 스스로 해결하려고 의견을 제시하고, 지역의 대표들은 주민들의 의견을 수렴해 여러 가지 문제를 민주적으로 해결하고 있다.

▲ 지방 의회 의원 입후보에 대한 설명을 듣는 사람들

▲ 지방 자치제가 다시 시행되면서 열린 서울 특별시 의회

❓ 대통령 직선제와 지방 자치제의 시행으로 우리 사회가 어떻게 변화했을지 이야기해 봅시다.

날짜		년 월 일 요일
과목/내용	/	/ 유형 ( )

핵심 내용

**궁금한 점,
나의 생각**

과학

'4학년 1학기 2단원 지층과 화석(28~29쪽)'을 읽어 볼까? 내용에서 가장 중요해 보이는 곳을 찾아 밑줄을 그어 봐.

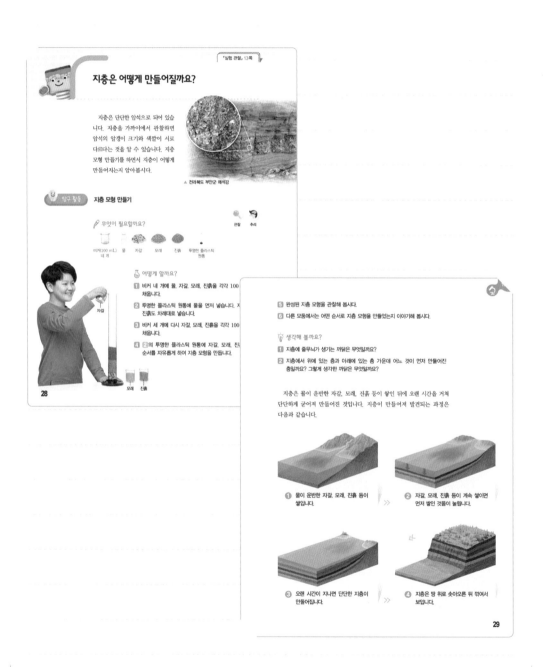

핵심 찾는 질문 3가지

1. 지층은 어떻게 만들어질까?

2. 지층에 줄무늬가 생기는 까닭은?

3. 지층 중 가장 먼저 만들어진 층은 무엇일까? 왜 가장 먼저 만들어질까?

 **이렇게 정리할 수 있어**

날짜	2021년 9월 22일 수요일 2교시
과목/내용	과학 / 지층은 어떻게 만들어질까? / 유형 (시간 순서)
핵심 내용	지층이 만들어지는 과정 ① 물이 운반한 자갈, 모래, 진흙 등이 쌓인다. ② 자갈, 모래, 진흙 등이 계속 쌓이면, 먼저 쌓인 것들이 눌린다. ③ 오랜 시간이 지나면 단단한 지층이 만들어진다. ④ 지층은 땅속에서 솟아오른 뒤 깎여서 보인다. 지층에 줄무늬가 생기는 까닭 종류가 다른 것들이 시간을 두고 쌓이면서 눌리고 쌓이고를 반복하며 줄무늬가 생김. 지층 중 가장 먼저 만들어진 층은 가장 아래에 있는 층이다. 이유 : 지층은 아래에서부터 차곡차곡 쌓이니까.
궁금한 점, 나의 생각	지금도 어디에선가 지층이 만들어지고 있을 것 같아 신기하다. 식빵으로 했던 지층 실험이 재미있었다.

과학

'4학년 1학기 2단원 지층과 화석(36~37쪽)'을 읽어 볼까? 내용에서 가장 중요해 보이는 곳을 찾아 밑줄을 그어 봐.

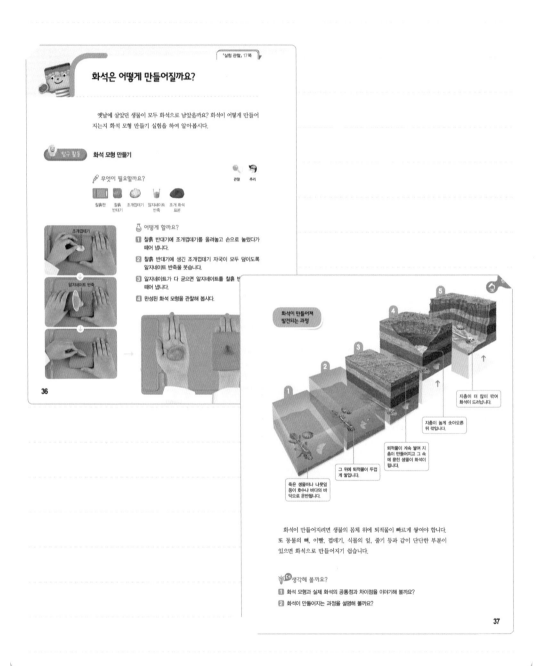

날짜	년 월 일 요일
과목/내용	/ / 유형 ( )

핵심 내용	
궁금한 점, 나의 생각	

과학

'5학년 1학기 2단원 온도와 열(40~41쪽)'을 읽어 볼까? 내용에서 가장 중요해 보이는 곳을 찾아 밑줄을 그어 봐.

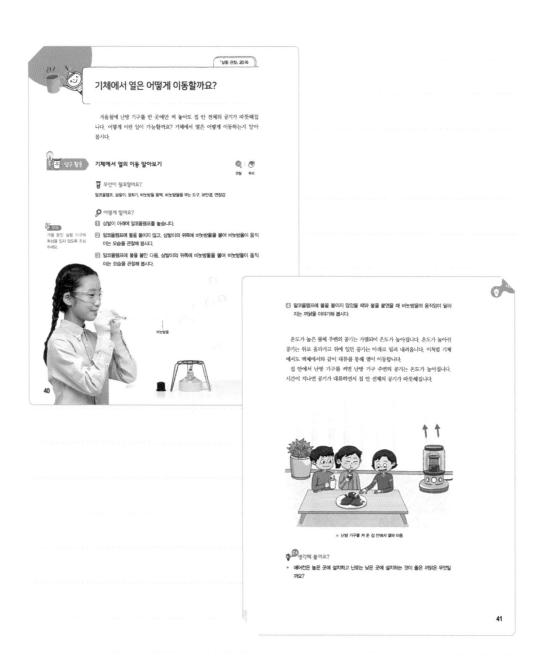

핵심 찾는 질문 3가지

1. 실험 준비물로는 무엇이 필요할까?

2. 실험은 어떤 순서로 이루어질까?

3. 실험 결과는 무엇일까?

이렇게 정리할 수 있어

날짜	2021년 6월 24일 목요일 5교시
과목/내용	과학 / 기체에서 열은 어떻게 이동할까? / 유형 (순서)
핵심 내용	실험 준비물 : 알코올램프, 삼발이, 점화기, 비눗방울 용액, 비눗방울 부는 도구, 보안경, 면장갑 실험 순서 : ① 삼발이 아래 알코올램프 놓기. ② 알코올램프에 불을 붙이지 않고, 삼발이 위쪽에 비눗방울을 불어 비눗방울의 움직임 관찰하기. ③ 알코올램프에 불을 붙이고, 삼발이 위쪽에 비눗방울을 불어 비눗방울의 움직임 관찰하기. 결과 : 온도가 높아진 공기는 위로 올라가고 위에 있던 공기는 아래로 이동하는 열의 대류 현상이 일어난다.
궁금한 점, 나의 생각	그래서 에어컨은 높은 곳에, 난로는 낮은 곳에 두는 것이 좋다. 에어컨을 바닥을 향해 틀면 위는 계속 더울까?

과학

'5학년 1학기 2단원 온도와 열(38~39쪽)'을 읽어 볼까? 내용에서 가장 중요해 보이는 곳을 찾아 밑줄을 그어 봐.

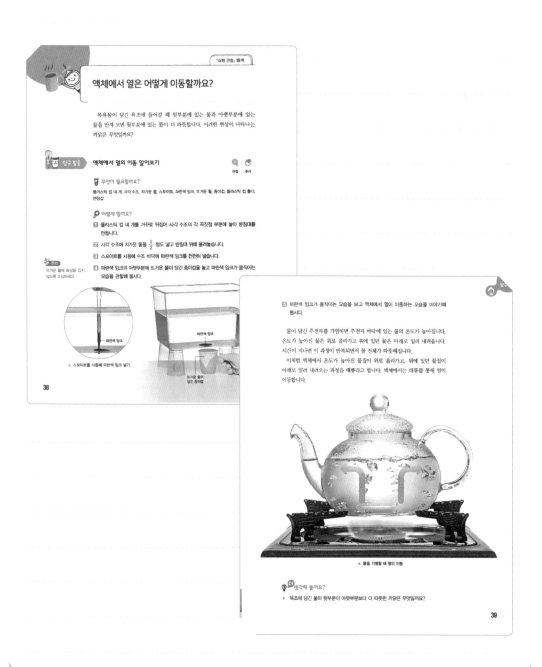

배움
공책

날짜	년 월 일 요일
과목/내용	/ / 유형 ( )

핵심 내용

**궁금한 점,
나의 생각**

과학

'6학년 2학기 4단원 우리 몸의 구조와 기능(82~83쪽)'을 읽어 볼까? 내용에서 가장 중요해 보이는 곳을 찾아 밑줄을 그어 봐.

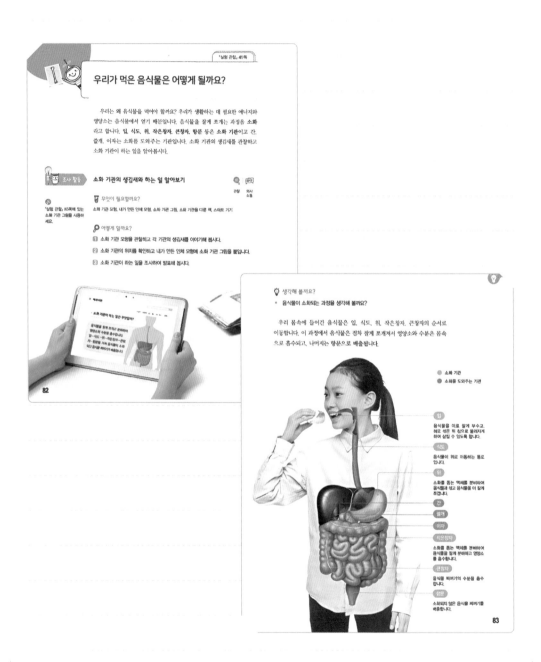

 **핵심 찾는 질문 3가지**

1. '소화'와 '소화 기관'의 뜻은?

2. 소화를 돕는 기관에는 무엇이 있지?

3. 우리가 먹은 음식물이 소화되는 순서대로 기관과 특징을 설명할 수 있어?

 **이렇게 정리할 수 있어**

날짜	2021년 3월 11일 목요일 3교시
과목/내용	과학 / 우리가 먹은 음식물은 어떻게 될까? / 유형 (개념 정리)
핵심 내용	소화 : 음식물을 잘게 쪼개는 과정 소화 기관 : 입, 식도, 위, 작은창자, 큰창자, 항문 소화를 돕는 기관 : 간, 쓸개, 이자 음식물의 이동 순서 ① 입 : 음식물을 이로 잘게 부수고 침으로 무르게 하여 삼킬 수 있게 만든다. ② 식도 : 음식물이 위로 이동하는 통로 ③ 위 : 소화를 돕는 액체를 분비하여 음식물과 섞고 음식물을 잘게 쪼갠다. ④ 작은창자 : 소화를 돕는 액체를 분비하여 음식물을 잘게 분해하고 　영양소를 흡수한다. ⑤ 큰창자 : 음식물 찌꺼기의 수분을 흡수한다. ⑥ 항문 : 소화되지 않은 음식물 찌꺼기를 배출한다.
궁금한 점, 나의 생각	이 많은 기관을 거치는 데 시간이 얼마나 걸릴까? 항문이 소화 기관이라는 게 웃기고 신기하다.

과학

'6학년 2학기 4단원 우리 몸의 구조와 기능(88~89쪽)'을 읽어 볼까? 교과서 내용 중에서 가장 중요하다고 생각되는 핵심을 찾아 밑줄을 그어 봐.

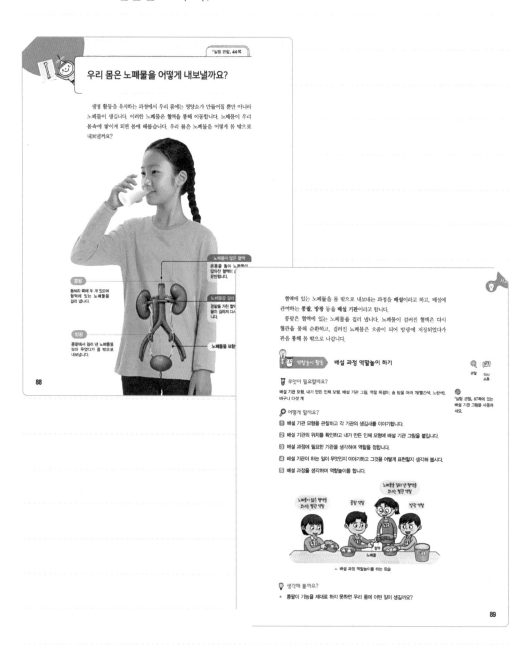

날짜	년 월 일 요일
과목/내용	/ / 유형( )

핵심 내용	

궁금한 점, 나의 생각	

공부 습관은 잡고, 공부 실력은 쌓는

★ ★ ★

오늘의 배움공책

★ ★ ★

| | 년 | 월 | 일 | 요일 |

과목/내용   /   / 유형 (   )

핵심 내용

궁금한 점,
나의 생각

년   월   일   요일

과목/내용   /   / 유형 (   )

핵심 내용

**궁금한 점,
나의 생각**

		년	월	일	요일

과목/내용	/	/ 유형 ( )

핵심 내용

궁금한 점, 나의 생각

년   월   일   요일

과목/내용　　　　　　/　　　　　　　　　　/ 유형 (　　　　　　　)

핵심 내용

**궁금한 점,
나의 생각**

	년 월 일 요일
과목/내용	/ / 유형 ( )
핵심 내용	
궁금한 점, 나의 생각	

년   월   일   요일

과목/내용   /   / 유형 (   )

핵심 내용

**궁금한 점,
나의 생각**

	년	월	일	요일

과목/내용   /   / 유형 (   )

핵심 내용

**궁금한 점,
나의 생각**

	년	월	일	요일

과목/내용   /   / 유형 (   )

핵심 내용

궁금한 점,
나의 생각

년   월   일   요일

과목/내용　　　　　/　　　　　　　　　　　/ 유형 (　　　　　　　)

핵심 내용

**궁금한 점,
나의 생각**

	년 월 일 요일
과목/내용	/ / 유형 ( )
핵심 내용	
궁금한 점, 나의 생각	

년   월   일   요일

과목/내용	/ / 유형 ( )
핵심 내용	
궁금한 점, 나의 생각	

년   월   일   요일

과목/내용   /   / 유형 (   )

핵심 내용

**궁금한 점,
나의 생각**

	년 월 일 요일
과목/내용	/ / 유형 ( )
핵심 내용	
궁금한 점, 나의 생각	

년   월   일   요일

과목/내용   /   / 유형 (   )

핵심 내용

**궁금한 점,
나의 생각**

	년 월 일 요일
과목/내용	/ / 유형 ( )
핵심 내용	
궁금한 점, 나의 생각	

년　　　월　　　일　　　요일

과목/내용　　　　　　　/　　　　　　　　　　　　/ 유형 (　　　　　　　　)

핵심 내용

**궁금한 점,
나의 생각**

	년 월 일 요일
과목/내용	/ / 유형 ( )
핵심 내용	
궁금한 점, 나의 생각	

	년 월 일 요일
과목/내용	/ / 유형 ( )
핵심 내용	
궁금한 점, 나의 생각	

년   월   일   요일

과목/내용	/ / 유형 ( )
핵심 내용	
궁금한 점, 나의 생각	

	년 월 일 요일
과목/내용	/ / 유형 ( )
핵심 내용	
궁금한 점, 나의 생각	

년   월   일   요일

과목/내용   /   / 유형 (   )

핵심 내용

**궁금한 점,
나의 생각**

년   월   일   요일

과목/내용   /   / 유형 (   )

핵심 내용

**궁금한 점,
나의 생각**

	년 월 일 요일
과목/내용	/ / 유형 ( )
핵심 내용	
궁금한 점, 나의 생각	

년   월   일   요일

과목/내용   /   / 유형 (   )

핵심 내용

궁금한 점,
나의 생각

년   월   일   요일

과목/내용   /   / 유형(   )

핵심 내용

궁금한 점,
나의 생각

년   월   일   요일

과목/내용	/	/ 유형( )

핵심 내용

**궁금한 점,
나의 생각**

	년 월 일 요일
과목/내용	/ / 유형 ( )
핵심 내용	
궁금한 점, 나의 생각	

	년 월 일 요일
과목/내용	/ / 유형 ( )

핵심 내용

**궁금한 점,
나의 생각**

	년　　　　월　　　　일　　　요일
과목/내용	/　　　　　　　　　　　　/ 유형 (　　　　　　　　)
핵심 내용	
궁금한 점, 나의 생각	

년   월   일   요일

과목/내용   /   / 유형 (   )

핵심 내용

**궁금한 점,
나의 생각**

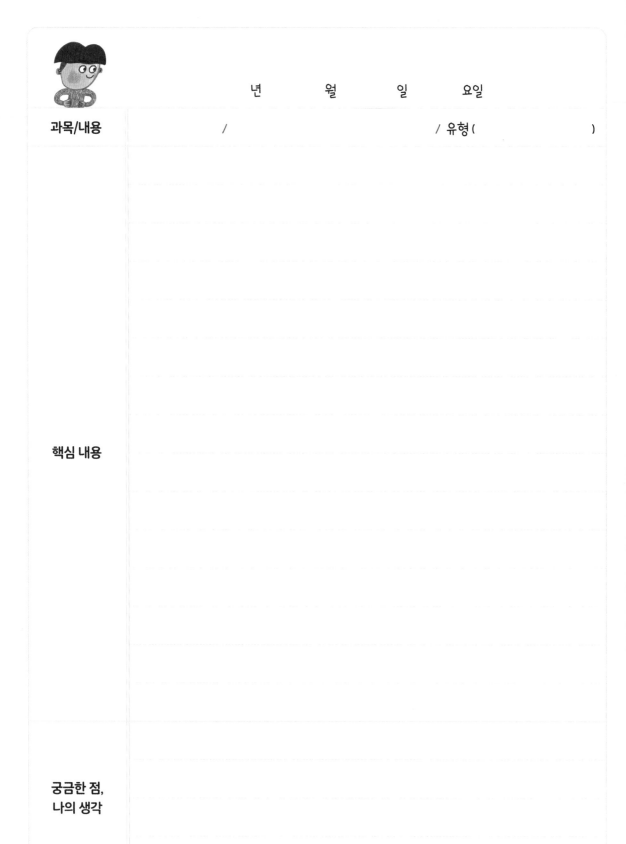

	년 월 일 요일
과목/내용	/ / 유형( )
핵심 내용	
궁금한 점, 나의 생각	

년   월   일   요일

과목/내용   /   / 유형 (   )

핵심 내용

**궁금한 점,
나의 생각**

	년 월 일 요일
과목/내용	/ / 유형 ( )
핵심 내용	
궁금한 점, 나의 생각	

	년 월 일 요일
과목/내용	/ / 유형 ( )
핵심 내용	
궁금한 점, 나의 생각	

		년	월	일	요일

과목/내용	/	/ 유형 (	)

핵심 내용

**궁금한 점,
나의 생각**

	년 월 일 요일
과목/내용	/ / 유형 ( )
핵심 내용	
궁금한 점, 나의 생각	

년   월   일   요일

과목/내용	/	/ 유형 ( )

핵심 내용

**궁금한 점,
나의 생각**

년   월   일   요일

과목/내용   /   / 유형 (   )

핵심 내용

**궁금한 점,
나의 생각**

	년 월 일 요일
과목/내용	/ / 유형 ( )
핵심 내용	
궁금한 점, 나의 생각	

<table>
<tr><td></td><td colspan="4">년   월   일   요일</td></tr>
<tr><td>**과목/내용**</td><td>/</td><td></td><td>/ 유형 (</td><td>)</td></tr>
</table>

핵심 내용

**궁금한 점,
나의 생각**

년   월   일   요일

| 과목/내용 | / | / 유형 (|) |

핵심 내용

**궁금한 점,
나의 생각**

년   월   일   요일

| 과목/내용 | | / | | / 유형 (|) |

핵심 내용

궁금한 점,
나의 생각

	년 월 일 요일
과목/내용	/ / 유형 ( )
핵심 내용	
궁금한 점, 나의 생각	

년   월   일   요일

과목/내용   /   / 유형 (   )

핵심 내용

**궁금한 점,
나의 생각**

	년	월	일	요일
과목/내용	/		/ 유형 (	)

핵심 내용

**궁금한 점,
나의 생각**

년   월   일   요일

과목/내용	/ / 유형 ( )
핵심 내용	
궁금한 점, 나의 생각	

	년 월 일 요일
과목/내용	/ / 유형 ( )
핵심 내용	
궁금한 점, 나의 생각	

년   월   일   요일

과목/내용　　　　　　/ 　　　　　　　　　　　/ 유형 (　　　　　　　)

핵심 내용

**궁금한 점,
나의 생각**

	년 월 일 요일
과목/내용	/ / 유형 ( )

핵심 내용

**궁금한 점,
나의 생각**

년   월   일   요일

과목/내용   /   / 유형(   )

핵심 내용

**궁금한 점,
나의 생각**

		년 월 일 요일
과목/내용	/	/ 유형 ( )
핵심 내용		
궁금한 점, 나의 생각		

년   월   일   요일

과목/내용　　　　　　／　　　　　　　　　　　　　　／ 유형 (　　　　　　　　)

핵심 내용

**궁금한 점,
나의 생각**

	년 월 일 요일
과목/내용	/ / 유형 ( )
핵심 내용	
궁금한 점, 나의 생각	

	년 월 일 요일
과목/내용	/ / 유형 ( )
핵심 내용	
궁금한 점, 나의 생각	

	년 월 일 요일
과목/내용	/ / 유형 ( )
핵심 내용	
궁금한 점, 나의 생각	

	년 월 일 요일
과목/내용	/ / 유형 ( )
핵심 내용	
궁금한 점, 나의 생각	

년   월   일   요일

과목/내용　　　　　/　　　　　　　　　　　　／ 유형 (　　　　　　)

핵심 내용

**궁금한 점,
나의 생각**

년   월   일   요일

과목/내용   /   / 유형 (   )

핵심 내용

**궁금한 점,
나의 생각**

		년 월 일 요일
과목/내용	/	/ 유형 ( )
핵심 내용		
궁금한 점, 나의 생각		

년   월   일   요일

과목/내용　　　　　/　　　　　　　　　/ 유형 (　　　　　　　)

핵심 내용

**궁금한 점,
나의 생각**

	년 월 일 요일
과목/내용	/ / 유형 ( )
핵심 내용	
궁금한 점, 나의 생각	

년   월   일   요일

과목/내용   /   / 유형(   )

핵심 내용

궁금한 점,
나의 생각

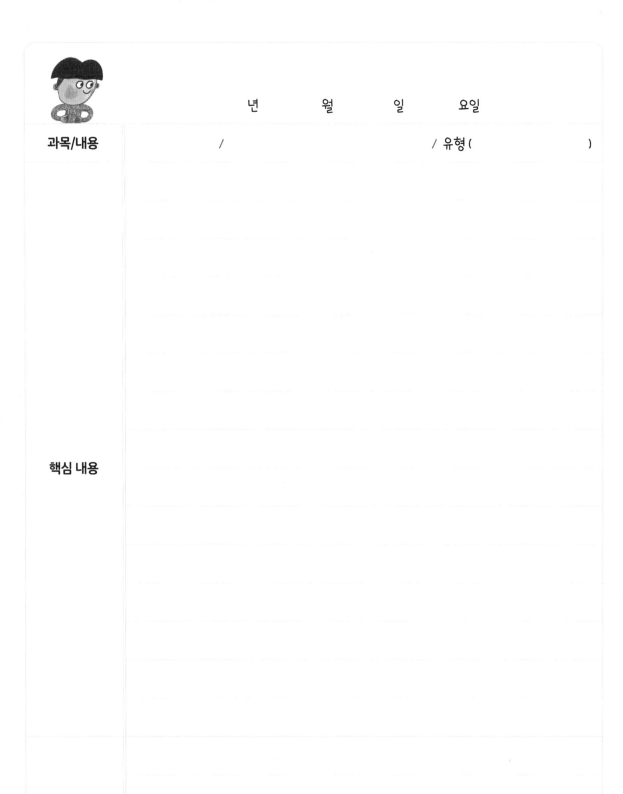

년   월   일   요일

과목/내용	/ / 유형 ( )
핵심 내용	
궁금한 점, 나의 생각	

《어린이를 위한 초등 자기주도 공부법×배움공책》 별책부록

▶ 유튜브에서 '매생이클럽'을 검색하세요.
강의 영상을 보면서 더 빠르고 쉽게 익힐 수 있습니다.
선생님과 친구들이 함께 해서 더 재미있게 배울 수 있습니다.

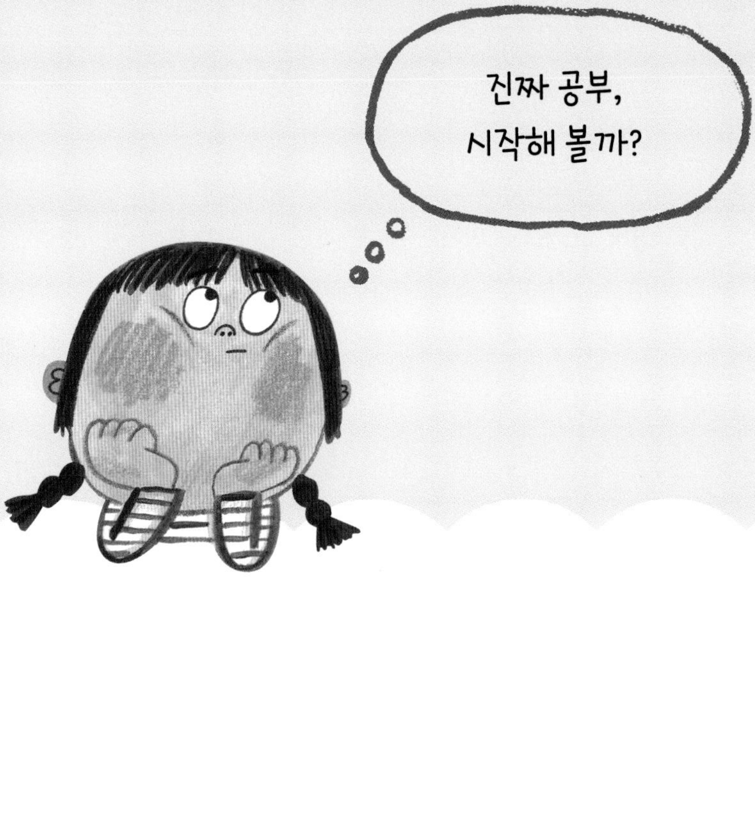
진짜 공부,
시작해 볼까?